U0162581

韭菜
理财经

JIUCAI
LICAIJING

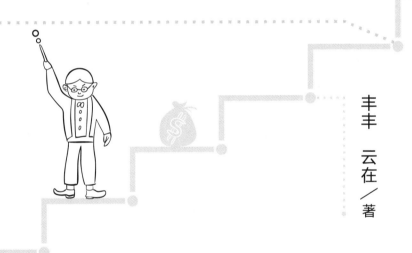

丰丰　云在／著

四川人民出版社

图书在版编目（CIP）数据

韭菜理财经/丰丰，云在著. —成都：四川人民
出版社，2020.4
ISBN 978 - 7 - 220 - 11809 - 8

Ⅰ.①韭… Ⅱ.①丰… ②云… Ⅲ.①家庭管理 - 财
务管理 - 普及读物 Ⅳ.①TS976.15 - 49

中国版本图书馆 CIP 数据核字（2020）第 047738 号

JIUCAI LICAIJING
韭菜理财经

丰丰　云在　著

策划组稿	王定宇
责任编辑	何佳佳
插画设计	张丹琪
封面设计	李其飞
版式设计	戴雨虹
责任校对	舒晓利
责任印制	王　俊
出版发行	四川人民出版社（成都市槐树街 2 号）
网　　址	http://www.scpph.com
E-mail	scrmcbs@sina.com
新浪微博	@四川人民出版社
微信公众号	四川人民出版社
发行部业务电话	（028）86259624　86259453
防盗版举报电话	（028）86259624
照　　排	成都木之雨文化传播有限公司
印　　刷	成都市金雅迪彩色印刷有限公司
成品尺寸	170mm×230mm
印　　张	18.25
字　　数	259 千
版　　次	2020 年 6 月第 1 版
印　　次	2020 年 6 月第 1 次印刷
书　　号	ISBN 978 - 7 - 220 - 11809 - 8
定　　价	58.00 元

序一

　　自光大银行 2004 年春节前后推出挂钩外汇的"阳光理财 A 计划"和 2004 年 9 月推出我国第一只人民币理财产品——阳光理财 B 计划以来，理财已成为 21 世纪我国金融业最时尚、最受亲睐的词汇。理财机构从银行持续扩展到基金、券商、信托、保险和私募及第三方财富管理机构，理财产品日新月异、层出不穷，理财规模成倍快速增长，理财业务真可谓方兴未艾。理财业已成为城乡居民无风险套利的主要工具之一。据统计，2019 年中国居民可投资资产规模突破 200 万亿元，金融资产为 129.54 万亿元，其中：个人储蓄存款 63.66 万亿元，占领半壁江山；银行理财产品 26.92 万亿元，占 20.8% 左右；股票、债券、基金等资本市场投资产品 18.8 万亿元，占 14.5%；保险资产 12.9 万亿元，占 10%；现金和其他高风险投资 7.26 万亿元，占 5.6%。2019 年上半年，银行保本和非保本理财产品到达 4.7 万只；50 多家银行、131 家券商、68 家信托公司、141 家公募基金公司、近 200 家保险公司和上万家私募基金及第三方财富管理机构开展理财业务。2009～2018 年，银行理财产品平均收益率达到 4.84%，远高于一年定期存款平均收益率 2.25%。理财业务呈现出极为广阔的发展前景。

为全面规范理财业务发展，有效解决好"刚性兑付，多层嵌套，期限错配，池子运作，影子银行"等问题，2018年4月27日，中国人民银行、中国银行保险业监督管理委员会、中国证券业监督管理委员会和国家外汇管理局联合发布了《关于规范金融机构资产管理业务的指导意见》，明确规定任何开展资产管理业务的金融机构，不得以任何形式对理财产品进行保本保收益。这表明城乡居民购买理财产品作为无风险套利工具，只享受收益而不承担风险的情况，已如昔日黄鹤一去不复返了。

无论是银行、券商、信托等金融机构，还是私募基金及第三方财富管理机构，开展理财业务，一方面要通过向客户发行理财产品，募集资金；另一方面，则需要通过资产配置和投资活动，将募集的资金运用出去，以取得相应的收益和回报，否则客户购买理财产品的收益就缺乏保障的基础。众所周知，任何投资活动都是收益与风险并存，如同一枚硬币的两面，且投资风险与收益是成正比的，即投资的收益越高，投资者承担的风险也就越大，反之亦然。因此，必须让客户知道，任何理财产品都不是稳赚不赔的，风险是客观存在的；实行资管新规后，理财产品打破了原有的刚性兑付，理财投资所产生的风险按照"谁受益，谁承担风险"的原则由客户自行承担。让客户增强对投资风险的认知能力，根据自身的风险承受能力，理性且科学合理地选择风险水平与自身风险承受能力相适应的理财产品，就显得尤为重要和刻不容缓。近年来的债券爆盘、股市低迷、P2P爆雷、私募基金及第三方财富管理机构负责人跑路，让许多投资者血本无归，带来了血淋淋的教训，给广大城乡居民上了一堂极为深刻生动的投资风险教育课。

本书作者丰丰是金融学硕士，有逾10年投资理财实战经验，长期担任某商业银行总行基金投研专家、优选基金评委，曾参与某银行总行基金智投研发和资管类产品准入，对基金筛选和基金投资有独到的研究。在天天基金第一届实盘赛中包揽"收益大师""高分大师""人气大师"三项大奖，拥有银行、基金、证券、黄金从业资格证。另一位作者云在，1984年进入某国有银行省分行，参与了该分行国际业务部的组建及推动发展工作。自2001年起先后在两家处级支行任副行长，主要从事零售业务的客户营销与经营。近年来，作为多家咨询培训公司的高级讲师，专事国有、股份制、商业银行的金融业务培训。专注于财富管理、借款融资、保险筹划、金融科技创新等课题研究及实操。他们都是长期从事银行金融理财的实践型管理人员，他们以自身丰富的一线实战和管理经验，运用丰富的案例，力图为读者提供一种有益的理财角度与途径。

本书最大的特点是务实、理性、可行。本书的作者顺应"钱生钱"的逻辑，深入浅出诠释了理财的基本理念、基本原则与基本技能，全面阐释了理财产品选择的途径、渠道、流程与方法。两位作者力求通过国外发达国家的事例和对标普资产配置模型的讲解，告知大家要根据资产的用途来做好资产的管理。正如作者所言：做好财富的管理就如同一场战役，既要有全盘的战略规划，又要有知行合一的战士，还要根据具体情况灵活调整战术，以厘清各类资产安排和投资规划中的困惑，并在大量案例和自身的金融、理财实践基础上，针对怎样合理精准选择与切入理财渠道，提出一些实用的心得，力求给读者奉献一些方法上的引导，避免成为投资市场上的"韭菜"。

该书借用了"标准普尔家庭资产配置"框架来分析和构建个体的"理财之道"。标普配置原本是基于美国的家庭来做的，而美国的投资环境和家庭资产情况跟中国的存在巨大差异，因此，本书结合了中国的投资环境和家庭的实际情况，为中国家庭打造一套合适的资产配置方式，行得通，"接地气"。

作者在书中总结了常见的投资骗局，如庞氏骗局、P2P，和不适合个人投资的领域，如：期货、现货等，告知读者应该怎样合理配置家庭资产，提示读者规避风险，提升个人投资安全意识。本书对于广大读者认知投资风险，掌握投资规律，把握投资趋势，理性参与资产配置和投资活动，实实在在防控好投资风险，提高投资收益具有重要的指导作用。我相信：只要读者能真正体会和把握投资活动的精髓，您将永远是"巴菲特"，而非"韭菜"！

李国峰
中信银行私人银行部总经理、经济学博士、教授

序二

　　《韭菜理财经》付梓之际，邀我作序，深感荣幸和欣慰。丰丰和云在以其多年的银行、证券、基金和金融教育经历和经验，为普通大众写出了这样一本形浅而意深的作品，能为这样一本有益大众的书作序，自然是荣幸之至。让我欣慰的是，国内一些先行的专业人士，已经充分意识到对普通大众进行财经知识、财经智慧教育的重要意义，并身体力行做出了有益的探索。专家们从过去两眼只盯"高大上"，开始关注和关心普通大众的财经意识，这是一个非常了不起的进步和转变。

　　细看之后，笔者认为这是一本适合大众阅读的好书，特别是那些希望提升自己理财观念和理财知识的读者。这是因为本书具有以下特点：

　　第一，形浅而意深、人人皆宜。做过科普的人都知道，要把专业知识以非专业的语言精准地表述出来，让未受过专业训练的人看得懂、看得明白、还要知道如何做，并不是件简单的事。而这本《韭菜理财经》正好是这方面的一本佳作，形式上很浅显，而意味上、意蕴上、含义上却很深刻。一方面，这本书让人人都能看得懂；另一方面，对领悟力更强、具有一定专业知识或专业背景的读者，掩卷沉思之际必能另有所悟而时时露出会心一笑。

第二，故事性强、形象生动。书中汇集了大量理财的案例，并有不留痕迹的点评和分析，能让读者像读故事书一样，在饶有兴趣、不知不觉中理解那些深奥的投资哲理和观念，富有"润物细无声"的效果。

第三，源于生活、回归生活。书中的主人公小富如同我们的邻居，是一个普通的上班族。同时，书中的许多案例和故事，也出自我们的日常生活，我们经常可以从身边朋友和客户那里听到，虽然也有一些来自专业领域的经典案例，但绝大多数出自普通人的生活。然而，本书并没有停留于生活的表象，而是在分析、比较的基础上，为读者提供了自己发现成的经验与败的教训的机会。本书提供了良好的借鉴和有益的启示，读者在深刻领悟后，将学到的东西用于生活中。

基于本书以上三方面的特点，建议有志提升自己理财知识和观念的读者慢慢品味，最好能在家庭中展开理财讨论和分享，以提高全家的理财能力，拥有更加幸福、美好的家庭！

潘席龙

西南财经大学中国财商研究中心执行主任

2019 年 11 月写于学府尚郡

目 录

第一章

财要理：又不能乱理

通货膨胀如同水池的水孔，让我们的财富不停地"漏水"，通过理财实现财务自由对大多数人来说并不现实，理财的意义更多的在于让我们劳动收入和"钱生钱"两条腿走路。

第一节
人生无法避免的三件事：死亡、税收和通货膨胀

如果有车、有房、有存款算是"小富"的话，那在某银行工作的理财师小富还真的算是"小富"。不过小富丝毫没有有钱人的感觉，反倒时常有不安之感。

作为一名最基层的理财师，小富心里很清楚，如果只是创造财富而不注意管理财富的话，就像一个池子，在往里面注水的同时还有一个无法堵住的孔在不停地往外漏水，通货膨胀这个"水孔"随时都可能让我们辛辛苦苦创造的财富悄无声息地消失得无影无踪。只不过作为一名"专业人士"，小富对于如何管理

漏水的池子

好自己的资产以抵御通货膨胀的侵蚀，还是有一套独到的实用方法。

西方有句谚语："人生有两件事是无法避免的——死亡和纳税。"古往今来税收都是一件不可避免的事。在中国，有些人可能会把偷税漏税看作一件占了便宜的事。在小富眼里，税收更源自社会的分工。比方说，我们之所以能够安安生生地挣钱，就在于有军队在守卫边疆，遇到危急时刻拨打110、119等待救援……从事这些工作的人没种大米、没制造汽车，也没做生意，但他们付出了辛苦的劳动，付出了宝贵的青春年华，他们也需要养家糊口，这就需要政府部门通过税收的方式来进行调节。这样我们就可以各司其职、各获所需，才不至于每件事情都得自己去做，我们的效率也会更高，生活也

才会更加美好。

营改增的税收改革之后，跟小富谈论税收问题的客户越来越多，甚至有不少的人因此生意也做不下去了。营改增从表面来看税负是下降了的，但由于有一些小企业以前是靠偷税漏税过活的，营改增后偷税漏税的空间没了，很多就现了原形。在小富看来，偷税漏税显然是一件非常危险的事。"按规定足额纳税"现在几乎成了小富给做企业的客户必讲的一句话。

纳税不仅是一种义务和责任，更是一项必须严格遵守的法律，确实再不能心存侥幸。

中国这几年的变化太快，机会似乎也多，这给不少人造成了一种类乎"赌大运"的侥幸心理。金融业是跟风险打交道的，站在这个行业里的小富也见惯了不少人的财富来来去去，有些人怀着"我不会生病"的心理而去省下一份保单的费用，有些人怀着"一夜暴富"的心理去加满杠杆投资，更有些人怀着"倒霉的不会是我"的心态去参与各种投资骗局……但现实总是残酷的，不会因为你的"勇敢"而更偏爱你。"因病致贫""炒股跳楼""还我血汗钱"之类的事情随时随地都在上演。

管理好我们的财富更需要遵守法律、尊重规律。在小富看来，通货膨胀是一个永远无法回避的问题。我们只有通过主动的管理，通过我们自己的智慧，借助于专业的知识，才有可能减少财富的贬值。

恶性通货膨胀对于持有货币的家庭来说是毁灭性的打击，甚至几代人积累的财富会在一夜间化为乌有。即便是二战后相对太平的时代，这样的事例也在不断地上演，也在不断地给我们敲响警钟。

南美洲的委内瑞拉盛产石油，与中东的产油国一样，只要开采石油就可以赚取大量外汇，在油价飞涨的年代大发石油财。国家赚钱多，老百姓的生活自然好了，看病是免费的，大家买的东西也都很便宜，人们生活的幸福指数很高。人都是有惰性的，国家有时也一样：既然卖石油就有好日子过，干吗还去辛辛苦苦发展其他产业呢？但这几年，形势来了个斗转。国际油价不断下跌，委内瑞拉财政也开始吃紧，为了维持财政开支，只能是多印钞票，随着钞票越印越多，物价开始飞涨。在 2015 年，委内瑞拉物价上涨就超过了 120%，2016 年更是达到了惊人的 800%。这种感觉，就像是年初还是 5 块钱一个的面包，突然之间要 4000 块钱才能买到了，大家的心理落差可想而知。

中国这些年来政府一直严格控制通货膨胀，物价稳稳地在"掌握之中"，但不要忘记"央妈放水"的新闻早已不新，因而温和的通货膨胀一直伴随着我们。不少专业人士在谈到通货膨胀时都喜欢用消费物价指数（CPI）来代替，但要是把消费物价指数与通货膨胀画等号，就会是一个极大的误解。通货膨胀涉及所有商品的物价变动情况，涉及的数据量过于庞大，无法统计，所以人们才想出了用消费物价指数来监测通货膨胀率高低的办法，两者实际是局部与整体之间的关系，是一种管中窥豹的方法，不能直接画等号。

现在人们的生活水平越来越高，吃饭问题对大多数人来说早已不是问题，老是跟猪肉过不去的 CPI 指数（猪肉价格变动对 CPI 指数影响比较大）与大家的感觉也往往有很大的偏差。为此，人们就想了一些其他的办法来估算通货膨胀率的水平。我们将资金定期存款至银行或购买理财产品，一般 4%～5% 的收益还是有的，而且大多数人都坚信银行的理财产品是不会违约的，都是当无风险产品在买。一般来说，一个国家的通货膨胀率是会大于无风险利率的，要不然咱们就可以轻轻松松战胜通货膨胀了。从这个角度我们可以大致地推断：我们近年来的通货膨胀率高于 4% 的水平是完全可能的。

也有人根据近 10 年来的农产品物价上涨速度，大概是 7～10 年翻 1 倍的速度，由此推断出近 10 年的通货膨胀率大致在 7%～11%。这个数据可能会跟大家的感觉比较接近，我们在这 10 年内感觉很多东西都在不停地涨价，大家最在意的房子尤其如此。

喜欢动脑筋的小富还有自己的测算方法。既然通货膨胀是纸币发得太多了，小富就很喜欢用货币增长率减去经济实际增长率这样的公式去估算通货膨胀率的高低，得出来的结果竟然与上面方法的计算结果基本吻合。从通货膨胀率水平来看，单靠无风险的理财产品是跑不赢通货膨胀的。换句话说，财富还是不可避免地缩水。

银行理财产品，目前已成为中国老百姓最喜欢的"无风险"理财方式。假设我们有 10 万元到银行购买了理财产品，可享受 5% 收益率，10 年后将收获 162890 元。而如果我们的通货膨胀率平均达到了 8% 的话，10 年后 215893 元的购买力等于 10 年前的 10 万元，在这轮通货膨胀中，从表面上来看，我们的财富增长了 6 万多块，但我们资产购买力实际上缩水了 5 万多，缩水率高达 24.6%。

穿越时间的长河，实现资产的长期保值增值是件非常重要而且不太容易做到的事，银行存款、国债、理财这些"无风险"产品，难以应对通货膨胀对财富的侵蚀。风险投资类资产，难免会有价格上的波动，需要更为复杂的策略和方案，有时也是对投资者耐心的一种考验。

既然通货膨胀是实体商品价格的上涨，保留一定的实物资产也是一个不错的选择，但持有何种"实物"则是有讲究的。1994 年至 2018 年的 25 年间，我们平时穿的衣服的价格只涨了 21%（这还不考虑品质的提升），而我们居住的价格（住房）则涨了 180%。一个服务加工厂的小老板，如果没有持有房产，将会明显感觉到通货膨胀带来的经济压力。而一个持有大量房产

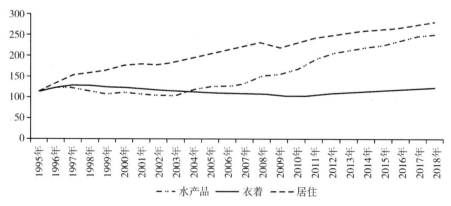

注：基础数据来源于国家统计局，丰丰整理。

的人，则恰恰相反，会明显感觉到通货膨胀带来的财富效应。对于工薪阶层而言，如果没有自有房产，在"房租"方面的压力将会明显大于"买衣服"的压力。

这些年不少人在鼓吹"买房不如租房"。这种言论过于理想化和缺乏风险意识，"租房"单从经济上来看就会面临租房价格持续上涨的巨大风险，甚至会引起家庭的"财务危机"。

当然，也有一些人出于惯性思维，把买房子作为一种风险低、收益高的投资，期望能够像过去 10 年那样房价不停地涨涨涨。现在的外部环境与 10 年前相比显然大有不同，还用惯性思维的话难免会出问题。对于房子还能不能买的问题，我们会在第十章作专门的讨论。

第二节
年轻月光光　年老心慌慌：财富要两条腿走路

在几十年前，"大家都没钱"，也没有挣钱的路径。如今人们挣钱就八仙过海、各显神通了，"挣钱"对于大家来说是财富增加的唯一途径。对于挣来的钱，过去存在银行里吃利息几乎成了大家"钱生钱"的唯一途径，怎么才能"生"更多的钱大家也没有更多的想法。增加财富的渠道只能是靠"多挣钱"。

小富在上中学的时候，学校设有一个奖学金，是一个发了大财的校友捐赠的，本金 100 万，存在银行里，每年将利息取出来给大家发奖学金，小富是当时享受到此福利的学生之一，所以对这事记忆犹新。每个获奖的人可以得到 300 元左右，这对当时的小富来说是一笔巨款，因为那时每月的生活费基本上才 100 块的样子呢。

20年过去了，当年的小富已步入了中年，不知道当年的奖学金现在还有没有。但100万在现在能够起到的作用也与当年不可比拟了。存款的利率也早由当年的8%年息一路下降到现在的1.5%了，各种各样投资理财产品也是数不胜数。"挣钱"已经不是大家"发家致富"的唯一来源，"理财收益"成了不少家庭的第二"财富来源"，甚至是某些家庭最主要的收入来源了。"两条腿走路"让大家走得更快了，但也还有不少人活在"无理财"的世界里。

在年轻一族中，"月光"是一个普遍存在的现象。小富有时候也会调侃自己是"月光族"，只不过小富的"月光"大多是用于支付家庭的各种账单，还房贷、信用卡，剩下的钱就拿去做理财投资了。卡上的现金虽很少，倒也并非通常意义上的"月光族"。

但小富的表弟小贝，则是真正意义上的"月光族"，除了自己的工资每个月一分不剩外，还经常需要父母的救济或者通过信用卡来周转。

过惯"随意花"的生活，小贝似乎觉得一切都是自然的。小贝父母在批发市场做服装批发生意，起早贪黑，也算是事业有小成。生意太忙，管小贝的时间就少了，还好小贝从小就很懂事，学习上从来不用父母操心，成绩不算非常突出，但总能处于中上游。为了弥补自己内心的缺憾，从小贝"会花钱"开始，父母对小贝的"买买买"需求往往是"有求必应"。"能够用钱解决的问题都不是问题"，"再苦不能苦了下一代"，这是他父母的常态思维。因此在小贝的脑海中，"缺钱"和"理财规划"似乎离他很遥远。

转眼间，小贝大学毕业了，他发现花钱的地方太多，完全刹不住车。而随着网上购物的兴起，父母红火的批发生意一下子就凉下来了，对小贝的"资金需求"越来越力不从心，在给小贝买房买车后，父母明确要求小贝要"自力更生"了。这引发了小贝与父母无数次的争吵。

为了维持"体面"的生活，小贝每月不到5000元的工资完全不够花，车买来是要开的，年轻人是要去健身的，和朋友们的聚会才是人生快乐的源泉……此外，每年总得出去旅游几次吧？加上现在支付非常的方便，没钱的时候更是可以很方便地用信用卡、微粒贷、白条……平时快活了，每月一到还款的时候，小贝就开始头大。这时候父母往往成了最后的救兵。

当繁华渐渐远去，当周围的小伙伴们一个个的"成家立业"，经常与小贝玩耍的人越来越少了。蓦然发现，周围的同事、朋友大多依靠自己的积累买起了二套房，也会时不时地从自己的"理财账户"中取点钱出来去旅游，而自己还像一个长不大的孩子，在而立之年，竟然还需要父母的经济支持才能够勉强地活下去。

小贝并不是孤例，太多的中国家庭缺乏"理财教育"。等到孩子长大步入社会，就只能在社会上去"被现实教育"。

与小贝们形成鲜明对比的是，有些家庭已经非常重视"理财从娃娃抓起"。在2019年的伯克希尔·哈撒韦股东大会上，不少"小股东"们向股神巴菲特提问已非常深刻：13岁的旧金山男生请巴老回答如何提高"延迟满足感"？11岁的中国男生则有发自灵魂的拷问：人性对于投资的帮助？9岁的纽约女生三次参加股东大会，今年问巴菲特的问题是：是否打算投资科技巨头？

生活是美好的，但也是残酷的。如果我们在能够挣钱时把挣的钱全部用掉，既会少了理财收益的增值，也会在无法挣钱的年龄中接受生活的考验。还好，小贝有小富这样受过"专业训练"的表哥可以求助。为改变"月光"的现状，小富为小贝制定了"脱光"三招：

第一招：量入为出，减少冲动消费。小贝跟大多数的"月光族"一样，通常情况下支出是等于收入的，没有储蓄的原因就在于盲目消费，根本就不知道自己的钱花在了哪里，也不知道如何节制。小富就首先让小贝把自己每个月的出入清单列出来，制作一张自己的"收支平衡表"。

当列完自己的收支情况后，小贝惊讶地发现：自己平时不得不花费的衣食住行的"刚性"支出并不多，而聚会、旅游、游戏等非计划支出反而占据了支出的大头——甚至为了买一些新潮而不实用的电子产品而时常冲动消费。

在梳理了自己的支出情况后，小贝就有意识地减少了一些不必要的聚会，按照自己的资金情况安排旅游计划并提前做好预算，对于其他的冲动型消费也严格加以控制。

第二招：降低消费欲望。除了冲动消费外，小富还建议小贝修正自己过高的消费欲望，对于消费品以实用为目标，而不去盲目地攀比品牌和赶时髦。只有剩下钱来用于储蓄，才能够真正地开始进行个人理财。暂时降低目前的消费，就可以以后更好地消费。

在听了小富的建议后，小富对自己日常的购买习惯进行了一些调整，细算下来，一个月至少能节约上千块钱。

"脱光"三招

第三招：增加收入来源。除了节流，还要开源。储蓄＝收入－支出。做好了前两步，小贝的支出明显降低了。同时，小富还建议小贝可以想办法开源，扩大自己的收入。而有几年职场经验的小贝，加强学习、努力充电，尽早升职加薪显然是开源的绝佳方式。

在做好了开源节流计划后，小富还为小贝制订了专门的理财计划，在目前储蓄金额较少的时候，通过"定投计划"来把多余的钱都"存起来"。积累到一定程度后，再采用更为复杂的投资管理方案。这样，小贝的心里就踏实多了。

第三节
太多的人是"假装在理财"：理财没那么简单

我们从第一声啼哭开始到尘归尘、土归土，都在不停地花钱，但我们挣钱的时间往往只有短短 30 年左右的时间，我们要去应对收支在时间上的不平衡，要去应对不断飞涨的物价，还要去应对随时可能出现的天灾人祸……

在这个理财越来越火热的时代，很多人以为只要是"钱生钱"就是在理财，很多人买了个理财产品、存入余额宝或者去炒个股，甚至是去买随时可能爆雷的 P2P，就自以为是在理财了，这显然是把理财看得太狭隘。理财的目标并不仅仅在于多赚了多少，更重要的是把资金放在合适的地方，将自己的理财与自己的资金安排相匹配、风险与收益相匹配。有的人赚了很多钱但没注意风险的规避，一场大病全交给了医院；有的人只想着多赚钱，没去关注风险，结果本金也全部打倒了；也有的人只注意看收益，没注意看期限，遇到临时用钱却无法取出来……

有些人把理财的目标定为"财务自由"，这个目标对大多数人来说显然是定得太高了，不切实际的高目标很可能会使我们的财富管理陷入困境，我们环顾四周，实现"财务自由"的人并不多，对于我们大多数的普通人来说，可能一生都无法实现"不用再去工作，靠钱生钱就可以"的理想生活。理财的意义更在于让我们的财富之路"锦上添花"，两条腿走路可以走得更快些。

但，我们能够正确理财的人并不多。2017 年中国人民银行发布了《消费者金融素养调查分析报告（2017）》，这是中国有史以来第一次全面开展消费者金融素养问卷调查。结果也是在我们的意料之中，近 65% 的人理财知识水平不够。消费者对全部金融知识了解的平均正确率仅有 59.56%。其中在贷款知识、投资知识和保险知识问题上的平均正确率分别为 52.72%、49.08% 和 53.82%。超过 65% 的人没有充足现金流，只有 20.83% 的消费者表示会严格执行家庭开支计划。仅有 41.27% 的消费者"有或曾有"为孩子上学存钱。60.99% 的消费者认为"依靠自己的存款、资产或生意收入"来保障老年开支。超过 10% 的人投资不看合同。近两成人不知道怎么比较金融产品。17.49% 的消费者"不能"正确辨别合法与非法的投资渠道和产品服务。

理财就像一面镜子，我们怎么去对待"它"，"它"就会回馈我们什么样的结果。没有恰当地去理财的背后则是一个个残酷的现实。

中国的老百姓很多都喜欢炒炒小股，但真正懂的人很少，真正能够赚钱的人就更少。很多人把股市比作一个赌场，而即便是这样的人，都免不了怀着自己会是其中的"幸运儿"的幻想。

前不久，小富的一位大客户张先生告诉他说要退出股市了。在很多人的眼里，张先生是个非常成功的人，通过做实业赚取了亿万家产。几年前，张先生的朋友在股市上一个月赚了 20% 的消息让他怦然心动，有这么好赚的钱还做什么生意，还买什么房？经过几个月的"学习"和"实战"，张先生感觉自己找到了盈利的"秘诀"，就毅然投入了近 3000 万的资金进去。刚开始很顺利，几次操作下来，3000 万就变成了 4000 万，而张先生在生意上的一些经验也被他用到了实战中，要选什么类型的公司、在什么时候出手、在什么时候卖出，还有了自己的炒股心得。

初战告捷之后，张先生不禁有些飘飘然了，觉得仅使用自己的资金太慢了，就通过融资融券来增大自己的筹码，更有些配资公司主动找到了张先生，愿意以较低的资金成本"借钱"给张先生"发财"。这样的好事当然不容错过，于是张先生掌控的资金量一下子从 4000 万飞升到了 1 亿，给他带来一种"仿佛在指挥千军万马作战"的感觉。

几个回合下来，盈利又增厚了不少。但此时还是有不少朋友提醒他要见好就收，及时收手。可正在得意劲儿上的张先生哪听得进去，自己其他资金若不是无法回笼，也早被他全部投了进去。

但市场有时就是这样：最大的确定往往就是不确定。直到有一天，正处在上涨趋势的上证指数突然掉头转向，一天竟跌了7个多点，张先生买的股票当然也悉数趴在了跌停板上。

"不经历风雨难见彩虹。"第二天股票虽没有跌停，但仍下跌了四五个点。"这个时间卖出太不划算了！"张先生选择了坚守……这样一直过了两周，直到收到配资公司和证券公司的清仓电话，他才如梦方醒。而此时，他的股票再次死死地趴在了跌停板上。这一次，他的股票被强行卖出了。而他除了把原来的本金亏光之外，还倒欠配资公司1000万。

待在电脑前，张先生久久没有回过神来。他做梦也没想到，股市竟是个如此凶险之地。习惯了"成功"的他，这次竟然败得这样彻底。

不同于张先生的事业有成和投资的大手笔，李婆婆则是一个非常保守的人。靠着微薄的工资过了一辈子的苦日子，她以前喜欢把钱存作定期，即便有了银行卡后携带很方便，她也喜欢让银行的柜员给她存到存折本上，因为那上面会写得很清楚，存了多少钱、利率是多少、期限是多久。上面还有银行的印章，看着心里踏实啊。不过让她比较烦恼的是，存款的利率一降再降。在她刚开始上班的时候，利率一般都是8%以上，那时她会和爱人一起，省吃俭用，想的就是能每月多存点钱，多生点利息，让自己今后的生活压力能尽量减小些。

看着存折上的钱越来越多，她却越来越感到不踏实，因为啥东西都在涨价，钱越来越不经花呀。前段时间她老伴生病住院，虽然社保报销了不少，自家还是花了不少钱，这让她很担心：万一哪天，钱真的就不够了咋办？

财要理，但又不能乱理，万一跌到哪个"坑"里去了呢？

第四节
心急吃不了热豆腐：这些理财的"坑"你知道吗

收益毫无疑问是我们投资理财所追求的最重要目标，但仅仅盯着收益显然是会有问题的。从来就没有无缘无故的高收益，高风险与高收益就像是硬币的两面，形影不离。追求高收益首先要考虑遭受大亏损的可能。天上不会掉馅饼。

在香港，存钱的利息可以比贷款的利率还高，这让内地的小富好生羡慕。香港是美元和港币双币种通行，美元的存贷款利率都低，港币的存贷款利率都高，贷款用美元、存款用港币，妥妥地可以多收益一些。只有一个币种的话，贷款利率比存款利率高才是常态。小富曾经算过一笔账，理财要高于贷款的利率还是挺难的，尤其是像信用卡这样的，如果按照日息万分之五来算，一年下来就是18%的利息。即便是一般的贷款，年息通常也是5%以上，像存款、理财产品这样安全度高的理财方式，一般是很难跑赢这个利率的，所以小富通常都会劝周围的朋友尽快归还信用卡借款。内地还有条规定：贷款不能用于投资理财。这条看似不太人性，"我借了钱，想怎么用就怎么用"，没必要受这个限制吧？但实际上，换个角度来看，这其实是对大家的一种保护。贷款都是有明确期限要求的，不能拖，也不能少还，而风险类投资却往往会在时间上存在较大的不确定性，如果到了还款的时间，即便在亏损最严重的时候，也不得不"割肉"去偿还贷款——这就是用贷款去理财所含的风险，也是规定限制它的主要理由。

小富的舅舅最近心情很不好，他重仓的"明星公司"乐视网最近出事了，而且问题很严重。曾经高呼"为梦想而窒息"的乐视网创始人贾跃亭，

2017 年 7 月赴美造车至今一去悠悠，靠精美的 PPT 和演讲而圈粉无数的乐视网，让不少人彻夜难眠。

小富的舅舅是听别人说这家公司"概念很多"、很容易被炒起来，就毅然重仓买入了，不想却栽了大跟头。

贾跃亭还没有回国，故事还在继续讲。乐视网只是一个暴露在太阳下的故事。在投资领域，这样的故事几乎每天都在上演。如果说股市的"雷"排起来是个技术活的话，"保本保收益"的 P2P 的爆雷在业内专业人士看来则是"早晚的事"。

2016 年，小富的朋友小强家的老房子被拆了，拿到了一笔拆迁款。作为新时代的年轻人，对于互联网金融有着天然的"好感"，深感银行的存款和理财产品收益低得无法接受。买东西要货比三家，理财也不例外。在比较了各种理财的收益和风险后，他得出了这样的结论：约定了收益的 P2P 是一种既安全收益又高的理财方式，是稳健理财的最佳选择。投资要选"龙头"，虽然这时其他的小平台已经有开始爆雷的消息，但大树底下好乘凉，"实力雄厚"的团贷网不至于也遭吧。当每月的高利息如约而至的时候，小强心里很是开心，最后本金也如约回款。算一算，这一年下来收益高达 8.5%，自然是比银行理财高多了。小强也成了亲戚朋友们眼中的"理财达人"，大家纷纷向他请教理财经验，不少人也跟着小强一块去投了。在平台的力荐下，小强准备再存一年，这一期到期的时候就拿这笔资金去买房结婚。但就在小强的这笔投资还有两个月就到期的时候，一声惊雷把小强炸蒙了，团贷网实控人唐军自首，145 亿的大盘子爆雷了，小强的本金拿回来的希望非常的渺茫。

曾经团贷网的形象是非常光鲜的：已完成三轮融资共计 6.75 亿元，其中 B 轮 2 亿融资由知名风投公司九鼎投资领投，巨人投资、久奕投资和沈宁晨等跟投；C 轮 3.75 亿融资由宏商光影领投 1 亿。团贷网历史累计成交量超过 1300 亿，出借人数超过 20 万人。从 2018 年 1 月开始，公司在互金协会上所披露的所有逾期数据均为 0。这光鲜的数据都很容易让大家得出团贷网"不会跑路"这样的结论。

"你看中的是人家的利息，人家看中的是你的本金。"小强也不是没想过团贷网可能会爆雷，但第一年的投资顺利收回本息让他多少还是抱有侥幸的心理，觉得再投资一年的话应该不会有那么倒霉。跟着小强去投资的亲戚朋友们也全军覆没，小强无意中成为团贷网爆雷的"帮凶"。当然，小强之所以深信团贷网，自媒体、互联网媒体的宣传"功不可没"，跟着互联网成长的年轻一代对这些新媒体宣传几乎没有"免疫能力"。作为一度被第三方评测机构推入行业前十的所谓"头部平台"，各大理财自媒体纷纷接广告接到手软，知名的理财自媒体中几乎都能见到它的广告。跟着这些"理财大 V"们做着发财梦的"小白"们，都掉坑里去了，甚至还有一些人孤注一掷，几乎将全部身家投了进去，有的人老父母还在生病住院，有的人还在为孩子的学费发愁。爆雷的背后将是一个个的人生悲剧。

可能很少人会去想，这些鼓吹 P2P 的自媒体、互联网媒体其实只是"在商言商"，并不是真正的"专业人士"，就如同"明星代言"的产品也可能会是劣质产品一样。大 V 推荐、政府站台、上市背景，这些所有外在的"加分因素"只是表面，投资还是要回归投资的本源，要去评估资金投向、项目的风险、管理的规范等方面，而 P2P 由于无法实施有效的监管，更多的是处于管理者自律的一种状态，这方面的风险将会被无限地放大。

不仅互联网媒体的大 V 们的话不能轻信，就连我们熟悉的银行工作人员拿给我们的产品，我们也要仔细看清楚，就像是"当面点钱"一样，这不是对对方的"不信任"，而是要对自己的投资负责。

2013 年 11 月，小富的客户周总急匆匆地来找小富，说在某银行购买的300 万理财产品逾期两个月没有兑付本息了，担心是"要遭了"。小富心里暗叫"不好"，这件事实际上最近一段时间在业内已经传得沸沸扬扬，大家的共识是"假理财"，很可能不是银行真正代销的产品，这样大家的投资款回来的可能就很小。周总还给小富看了理财合同和购买的确认单，细心的小富发现签章和扣款路径都跟正规销售的产品不一样，"私售"的可能性非常大。

几个月后，随着司法机构的介入，小富的担心也被证实。这起涉案金额高达6.7亿元的华融川镁矿业基金理财案件也终于大白于天下。

像很多投资者一样，周总平时忙于自己的生意，长期在几家比较熟悉的银行办理储蓄活期、定期、通知存款等业务。对于大银行心里也很踏实，几家合作的银行都有固定的理财经理服务，这让周总省了不少心。多年来也按照理财经理的推荐购买理财产品、保险、信托等，省时省力，效果也很好，大家相处非常愉快。

2012年9月，周总多次接到某银行理财经理小张的电话，说是有一款预期收益高达18.45%的产品，是"支行费了很大周折和很多功夫，从上级分行争取到的独家发行权，只在该支行及其下属网点销售，也只针对支行长期客户发售"。周总刚开始有些不太相信，但还是决定去银行"看一看"。针对周总的疑惑，小张强调说该理财产品是由行长等专业人士组成的考察团，经实地考察该理财产品所投项目后，认定该理财产品安全、可靠，投资回报率高，回报周期短。对该理财产品，银行内部也有严格风控措施和防范手段，保证客户投资理财的本金及收益能如期收回，自己的家人也在购买。周总的疑惑被打消了，最终购买了300万，期限2年。

但从2013年9月开始，周总并没有如约收到投资的利息，这让他心里很不踏实，这种情况在以往的投资理财中从未遇到过。就在这时，小张主动邀请周总到银行来沟通产品的情况。小张告诉周总，受国家整体经济大环境影响，焦煤下游行业钢铁正在压缩产能，焦煤产销低迷，价格下滑，导致川镁矿业的生产经营受到一定程度的影响。现在需要对基金产品进行展期，以时间来换空间，在两年内把川镁矿业卖给某家上市公司，实现借壳上市。这样就能够把大家的收益都兑付了，展期的一年时间同样是会给大家支付相应的利息的。周总虽然心里不太踏实，但架不住小张的再三劝说，还是签订了展期协议。

但情况似乎越来越糟糕，不少的投资者开始要求公司兑付收益，上市公司对此资产收购也并不顺利，兑付危机越来越严重，司法机构终于介入了进来，并抓捕了涉案银行支行副行长等人员，这起内外勾结、私售产品的金融诈骗大案宣布告破。周总这才明白，自己买的是个"假理财"，这样的"理财"是银行总行不认可的，出了问题自然也就很难"解决"，等待投资者的将是遥遥无期的"回款路"。

类似华融川镁矿业基金这种情况在国内并不鲜见。随着理财产品爆发式增长，很多人把银行销售的其他产品也视作了"理财产品"在购买。很多人认为只要是银行销售的理财产品，无论条款上是否注明保本保息，只要出现问题，银行都可以保证投资人的利益不受侵害。于是大家在购买理财产品时，往往考虑的不是这款产品的风险，而只看银行给出的预期收益率是多少，越高的利率水平越吸引投资者。而银行方出于自身经营和商誉的考虑，在实际操作中，也往往给予投资人刚性兑付的暗示和承诺，这就形成了一个大家抢购"理财产品"的现象。或许，这在过去的若干年实际中确实没有问题，但我们起码要去区分下该产品是不是银行理财产品，是银行自己的产品还是代销的产品，是不是银行合规代销的产品。"名不正则言不顺"，非合规代销的产品就意味着产品本身可能就是一个"骗局"。

我们在投资理财时，都要去回归投资的本源，看一看投资方向风险大不大，看一看管理公司是不是靠谱，评估一下产品的真实风险和收益情况。切不能只看到产品宣称的"高收益"。投资是要在未来才能够得到结果的，对于名人、大V、大机构也不能盲信。"投资有风险"不仅仅是一句套话，而是实实在在的风险提示。

当然，我们按照正确的理财逻辑和理财方式，不仅可以将我们的资产进行最恰当的安排，还会取得丰厚的回报，让我们的人生财富之路走得更快、走得更稳。小富经常也会跟他的客户们说："理财可以让生活更美好。"

第二章

如何安置我们的财富：理论要结合实际

做好财富的管理，就如同一场战役，
既要有全盘的战略规划，又要有知行合一
的战士，还要根据具体情况灵活调整战术。

第一节
西学中用：家庭资产配置的整体架构

"乱理财"的教训我们都或多或少地见识过，但知道如何正确地管理我们的财富的人并不多。相比我们的"摸着石头过河"，以美国为代表的西方国家在家庭资产管理方面具有体系化的总结，我们可以借鉴这些发达国家的"过河经验"，再结合我们的实际情况，"具体问题具体分析"。财富管理起源于欧洲，兴盛于美国，日韩等国、中国香港及台湾地区紧随其后，之后才传到内地。中间转了几道手，经济环境也不尽相同，简单地照搬过来显然是不行的，我们就要既学习别人的经验，也得立足于我们的实际。

小富在刚上班那几年，很多培训老师都是从香港和台湾地区请过来的，但他发现，老师讲的内容和实际工作内容还是有不少的差异。因此，他就结合自己的实际经验对学到的内容进行了一些改进，这样一来，小富的工作也更得心应手了。小富最喜欢用的配置方法就是采用标准普尔家庭资产配置模型。标准普尔家庭资产配置模型是美国的标准普尔公司在对全球十万个资产稳健增长家庭的调研基础上分析总结出来的，在国际范围内广泛被认可的配置方式，也是小富在给大家做理财规划时最常用的资产配置框架。按照这一框架，我们家庭的资产要分成四个不同的资产类别，这四个类别功能不同，作用不同，对我们家庭的资产保值升值的作用也不相同。当然，这四个类别的资产的投资标的也各不相同。我们按照这四类对我们资产进行合理的比例配置，可以有效地实现我们家庭资产长期、持续、稳健的增长。而且小富对这个框架进行了中国式"改进"，这样就更接近我们目前的实际，更接地气，我们使用起来会更"得心应手"。

标准普尔在国际范围内都是大名鼎鼎的，是世界三大信用评级机构之一，它经常发布一些评级信息，告诉大家哪些方面投资比较安全，哪些方面投资风险比较高。它设计的家庭资产配置框架是把我们的家庭资产分成了四部分：短期要花的钱、守卫资产安全保命的钱、长期稳健升值的钱和博取高收益的风险投资。并且给出了每种资产应该配置的比例。

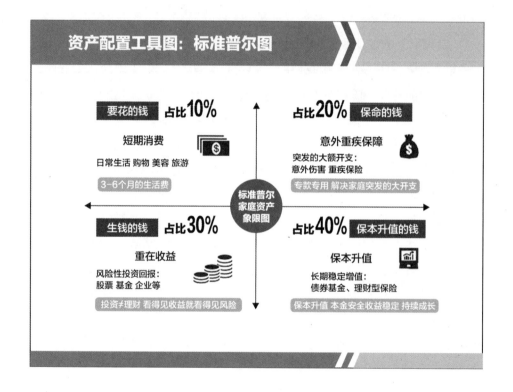

不过，这个配置框架是标准普尔基于美国的家庭来做的，美国的投资环境和家庭资产情况跟咱们中国的情况差别还是非常明显，就像各类资产配置的比例并不是像有些人解读的那样是固定不变的，各类资产与实际产品的匹配也是要细化的内容。所以，好的东西咱们可以"借鉴"但一定不能简单地"生搬硬套"，不少人把这个配置比例认为是固定的，甚至有些人把 P2P 归为

"稳健升值"的资产，这都是严重的"误读"。

资产配置的目的是使资产保值增值，但是，是要保值在先，增值在后。任何一种理财的搭配都要把投资的风险放在第一位考虑。原因很简单，一旦我们输掉了本金，也就输掉了未来。投资的风险管控，第一要义就是要分散风险，不要把鸡蛋放在一个篮子里，这样东方不亮西方亮，虽然投资收益没那么高，但是风险也由于投资的分散化而得到了对冲。

第一个账户是短期日常开支账户。这部分钱主要用于 3～6 个月之内的日常开销，在小富看来，这 10% 比例仅作为参考，不同的家庭不同的阶段所需要的流动资金量是不同的，甚至可能会有一些突发性的支出。为防止到时"有钱就是取不出来"的尴尬局面发生，小富一般会为客户配置成流动性强、安全度高、收益较低的资产形式。比如活期存款、开放式理财、货币基金、短期理财等。在配置理财时，也注意尽量配置可质押的理财，同时建议客户办理信用卡，以防止意外支出。在小富看来，流动资金的安排是一个多层次、有多层缓冲的布局。我们的日常衣食住行等都需要从这部分钱来支出，这部分基本上是可以算出来的，一般金额也不会很大。中国式家庭往往还是"大家庭"，有兄弟姐妹、有亲戚朋友，难免会遇到"急用钱"的时候。当然，日常流动资金一般收益都是比较低的，如果占比太高，就会影响到整个资产的收益，因此配置过多的高流动性理财产品，会极大地影响自己的理财收益。如果不善于对自己家庭的收支计划提前做安排的话，就会吃不少的亏。不少的人或许为了图方便，或许为了偷懒，为了便于及时支付，会将大额的资金一直放在流动性资产上面，看得见的是随用随取，看不见的是实实在在的收益损失。

第二个是保障账户。天有不测风云、人有旦夕祸福。谁也不能保证自己一辈子都不经历一些意外，当出现重大疾病、意外事故时，自己拿自己的钱去硬抗显然对很多家庭来说很吃力，"能花 100 万去看病说明你很有钱，但如果你只花了几万块钱，就有人为你支付 100 万的医疗费，则说明你很智慧"。

所以这部分的资产一般是以小博大，专门应对突发的大额开支。配置资产时以配置重疾险、意外险为主，重疾险和意外险的杠杆作用很明显，一般投入的金额都不大，占家庭资产的比例一般不会超过20%。平时看着是投入，关键时刻可以保命，一旦家庭成员出现意外事故、重大疾病时，就能有足够的保障来渡过难关。这方面的开支不必比例过大，但一定要有，而且要专款专用，不能说投了几年没有见到收益就停止投资，谁也不是真心想要得到这个钱。不少的人，总是抱着侥幸的心理，认为灾祸不会降临到自己的头上，可是一旦降临到自己的头上，又会抱怨自己命运不济。

中国的保险业发展到今天，种类非常繁多，每一种保险的特点都是一样的。很多人为了"收益"而去买了保障功能很少的"理财型保险"，却往往会忽视对家庭起到"保底作用"的"保障型保险"。家庭不同的成员，购买保险的优先顺序和保障的金额也是要有一定讲究的，这也是往往会被大家所忽视的。一般来说，家庭的主要劳动力是应该优先配置保险的，因为他/她的安定与否，会影响到整个家庭的生活水平，因此保障型的保险应该首先覆盖家庭的主要劳动力，"上有老、下有小"的中年人要"重点关注"。在保额方面，最好也别太吝啬，只要家庭财力允许，要保的金额应该能够确保一旦发生意外情况而家庭的生活水平不受影响。从这个角度来看，目前中国家庭的保障度是普遍较低的。

重疾险和意外保险重点是保障家庭的"生存需求"，为能够"活下去"起到"保底"的作用。随着不少的家庭手头越来越宽裕，很多人在考虑资产的安全问题了，能够避债、避税、避纠纷的人寿保险也就越来越受到大家的青睐。但需注意的是，并非只要买了人寿保险就是将财产放进了"保险箱"。人寿保险的"避债、避税、避纠纷"是有很强的前提条件的，这与资金来源的合法性，投保人、被保人、受益人的情况密切相关，因此，一般来说，要基于资产安全的目标而配置的人寿保险是需要根据家庭成员的实际情况进行"量身设计"的。

第三个是稳定增值的账户。这部分资产一般来说是"赚钱"的主力，收益要稳，期限可以长，占比一般不低于家庭资产的40%。从投资目标来看，这部分的资金与"固定收益类"资产匹配度非常高，但"固定收益类"并非收益完全固定，收益也可能会有些波动，但由于幅度不大，有时短时间内可能会有些"亏损"，"放一放就又回来了"。从资金用途来看，通常这部分钱的主要用途是养老金、子女教育金等未来确定的大额支出。很多人也是通过长年一点一点积累下来的。如果规划得好的话，是不会轻易动用到这部分资金的。若因一时的资金周转动用了自己的养老储蓄和子女的教育储蓄，就要及时给予补充。我国的社会保障体系本身覆盖不够，这类资产是最适合中国家庭重点进行布局的，但从实际来看，大多数家庭对于风险偏好过于两极化，对于这部分资金的安排不够。有不少客户将短期的理财当作了一种长期的理财方式。甚至有不少的人将信托和P2P作为稳健型投资，占据了资产的大部分。

对于投资理财来说，不能简单地用一种类别来区别风险的高低，基金并不能与高风险画等号，保险也不能认为就"安全"。凡是投资，都要看实际的资产投向来评估风险情况。追求稳健增值的资金一般来说主要是投资于债券类资产，不管是理财产品、债券基金还是保险产品，背后主要投资的其实都是债券。2020年前，银行、证券、信托等正规的金融机构还是会有隐形刚兑的产品存在，这对于很多人来说也算是"最后的晚餐"了，参与可以，但最好别去接"最后一棒"。对于债券基金来说，债券市场也会分熊、牛市，找准规律就能获取超额的收益。固收＋产品近年来在国内也发展很快，意思是在原有主要投资债券的基金上，再加上打新股、做对冲、买期权等策略，让产品的收益弹性更大一些。这也为大家的配置提供了更多的工具。

第四个是风险类的投资。这部分钱会通过承受较大的风险来博取较高的收益，一般占比不超过家庭资产的30%，最典型的就是股票类投资，如股票型基金、私募股权基金等。这部分资产的配置顺序应在前三者之后。由于前面三部分已经解决了我们的基本生活以及重大风险，这部分的资产就可以适当地追求一些虽然风险较高，但同时可能回报也较高的投资产品。这部分的比例往往弹性比较大。这不仅与个人的金融知识有关，也与个人的风险承受能力和风险偏好有关。即便是"专家理财"的基金产品，在小富看来也是不能随便乱选的。小富为此还专门总结了"基金筛选大法"和"基金投资大法"，专门用于基金的筛选和基金的投资。风险投资讲究的并不是盲目"冒风险"，更不是去赌运气，而是在讲究投资方法的基础上，去"寻找不确定性中的确定性"。无谓的风险只会带来损失，不会带来应有的收益，不少的投资者，为了追逐高额的收益，通过非法的"现货平台"去投资，结果血本无归。

有些人认为，资产配置是"有钱人"的事，对于大部分的普通人来说是不适用的。但在小富看来，资产配置向来是灵活的，而不是刻板的。对于我们普通人来说，可能无法一次把所有的类别都配置齐，但这样的配置思路是很值得借鉴的，可以根据我们的资金情况逐步配置。

第二节
国外富豪们是怎么理财的：这也是一种先进

在"创富"方面，绝大多数人只能是匆匆过客。"长江后浪推前浪"，不管是中国还是欧美，仅仅依靠"创富"显然是很难长久保持"不败之地"。管理好财富，才能让财富之路"万年长青"。在这个方面，欧美国家显然更具有发言权，他们在如何"富过三代"的问题上积累了大量的经验。美国哈佛商学院的约翰·戴维斯教授对此进行了专项的研究，结果发现：在福布斯富豪榜上的美国富有家族，30年间（1982～2011）上榜的320个最富有家族中，只有大约30%（103个家族）能够持续留在2011年的富豪榜上。能够上富豪榜的，基本上都是世界级的大企业家，都是靠"创富"，但这个位置往往"竞争"非常激烈，"风水是轮流转的"，能够保持在榜单上非常不易。

但也有例外，这就是传奇人物——大名鼎鼎的比尔·盖茨，他在30年中有一半的时间（15年）登顶，这在历史上是绝无仅有的。之所以如此，并不在于他创办的微软公司的经久不衰，微软公司的江湖地位早已今非昔比了。凭借微软的创富成功，比尔·盖茨走上了"世界之巅"，而对财富的管理，使他在微软"步履缓慢"的情况下仍能持续保持在"世界之巅"。

比尔·盖茨"稳坐峰巅"

比尔·盖茨不仅是技术奇才，更是一个商业奇才和金融奇才。比尔·盖茨早已退出了微软的管理层，早早地与他的爱人梅琳达·盖茨一同去做慈善事业了，他持有的微软的股票也在有计划地减持，由专业的团队投向其他"有潜力的行业"。微软的光芒虽已不复当年，但比尔·盖茨仍居首富之列。

比尔·盖茨 1955 年出生于西雅图，十几岁的时候就对编程产生了浓厚的兴趣。进入哈佛大学就读之后，他与好友保罗·艾伦一起为 Altair 8800 电脑设计 Altair BASIC 解译器（后来 MS-DOS 系统的基础）。1975 年，盖茨从哈佛辍学，与保罗·艾伦联合创办了微软。

在其母亲玛丽·麦克斯韦尔·盖茨的帮助下，1980 年 IBM 公司选中微软公司为其新 PC 机编写关键的操作系统软件，这是微软发展过程中的一个重大转折点，为其后面的发展奠定了很好的基础。1986 年微软上市时，盖茨 99% 的财富集中于微软股票。此后，盖茨一边有纪律地减持微软，一边摸索建立个人财富管理体系。盖茨减持微软股票所得的现金，注入盖茨信托基金和瀑布投资，由投资理念与巴菲特相似的拉尔森负责管理。拉尔森将其分散投资于股票、债券、私人股权、另类投资等金融资产和铁路、酒店、房地产等实物资产，以优化财富结构，降低风险敞口。

2016 年再次蝉联福布斯世界首富的比尔·盖茨，可谓富可敌国，能与其并驾齐驱的企业家、金融家屈指可数。根据彭博 2016 年 8 月 19 日的数据，盖茨的个人财富达到了 900 亿美元的历史新高，其数额相当于美国 GDP 的 0.5%，超越了世界上 162 个国家及地区的 GDP。

1986 年微软上市时，比尔·盖茨拥有其 44.8% 的股份，这占据盖茨总财富的 99%。此后其每个季度减持 800 万～2000 万股，30 年来累计减持股票约 525 亿美元。2003～2015 年分红获得 76 亿美元，两者相加现金总收入大约为 601 亿美元。如果仅以捐赠给盖茨基金会的资金作为现金总支出进行粗略估计，其现金支出大约为 300 亿美元。收入减支出，剩余现金资产的规模大约是 301 亿美元。

我们在盖茨家族财富历史变化趋势中发现这样一个规律：在重大经济危机期间（如2000年间IT泡沫破裂、2008年金融海啸等），盖茨的财富总值与整体经济趋势有较为明显的关联；但在经济复苏期，盖茨的财富总值则比微软市值增长得更快。盖茨的财富受微软股市的影响越来越小。

无论微软市值如何变化，盖茨极有纪律地减持微软股票，其所持的微软股票越来越少，特别是从2011年开始，减持的势头更加猛烈。这也意味着盖茨在财富增长的同时，拥有着更多元化的财富构成、更少的风险敞口。

在瀑布投资的打理下，盖茨的财富在30年的时间内翻了近290倍。应该说，在科技和商业上的成功为盖茨的财富之路开启了大门，而财富的管理让盖茨实现了"财富自由"——不用再依赖原创企业的盈利而实现财富的持续增长。通过微软公司创造财富，通过家庭办公室来管理财富，再通过基金会捐赠财富，盖茨也成为"富而有道"的全球典范。

反观国内的不少富豪，"坐过山车"的人很多。网上曾流传这么一个段子：三个人坐电梯从一楼到十楼。一个原地跑步，一个在做俯卧撑，一个用头撞墙。他们都到了十楼，有媒体采访他们，你们是如何到十楼的？一个说，我是跑上来的；一个说，我是做俯卧撑上来的；一个说，我是用头撞墙上来的。这个段子隐喻的是，很多成功并不是因为某个个体有多么的出众，而是因为整个时代在带着你跑，而你只是恰恰站在了正确的位置上，站在了"电梯"里。而不少的成功者往往会归因于自己的"与众不同"，相信的是"只要自己不变，就能够继续成功下去"。但时代却在不停变化着，即便风光强势如诺基亚，也被时代所淹没了。

兴时思短，盛时思衰。时代潮流滚滚向前，只有通过合理的财富管理，才能有效解决创富中遇到的"三十年河东，三十年河西"的问题，不至于"其兴也勃焉，其亡也忽焉"。

第三节
我们身边的"有钱人"是怎么理财的：个人认知很重要

从当年的"万元户"到现在的"千万富翁"，他们不仅是在"创富"过程中最大的受益者，也是在财富管理的道路上最先吃"螃蟹"的人，他们"走过的路""踩过的坑"也给我们提供了最真实的学习案例。

过去 10 年，中国高净值（金融资产 800 万以上）人群的财富增长非常快，在 2006 年中国高净值人群的财富总量只有 26 万亿，至 2016 年已经突破 165 万亿。也就是说，短短 10 年内，中国高净值人群财富的增长已经超过了 100 万亿。而高净值人群的人数也从 18 万人超过了 158 万人。高净值人群的分布最初集中在东南沿海地区，其后随着中国经济快速的发展，迅速向内地各个省份渗透，也就是说中国高净值人群现在分布已经非常广泛了。在这方面小富是有亲身体会的。在刚入行的时候，小富资产最多的客户也只有 600 万，而现在所服务的千万级的客户已经有十几个了。这 10 年，理财的收益方式明显增多，理财的收益率也有了大幅的提升，对大家财富增长的贡献也越来越明显了。

但每个人的理财收益差异是很大的。在小富看来，他的这些客户，这些大家眼中的"有钱人"之所以能够积常人难以企及的财富，都是有过人之处的。如果说"第一桶金"有运气的成分在里面，而财富的持续增长则与个人的能力有非常大的关系。有的人固守安全度非常高的资产，财富增长很缓慢；有的人则过于冒进，反而受到了损失；有的人则是与时俱进，勇于尝试但又不盲目。

钱多了，可以配置的资产也就多了起来。现金、银行理财产品、信托、基金、股票、保险、私募、房产等都是大家关注得比较多的，一般人看来，"有钱人"随时都有很多"钱"在账户上，其实不然，大多数"有钱人"的资金都做了一定的安排，一般是不会躺在活期账上的。从配置的资产类别来看，"有钱人"虽然愿意冒一定的风险，但对整体资金安全的要求还是比较高的，一般会将较大比例的资产投资于相对安全的理财产品等。

几乎每个"有钱人"都早早地买了房产，而且一般都买得比较多，少则三四套，多的就不太清楚了。房产在过去的若干年，对于"有钱人"财富的增值"功不可没"。但房产的变现比较麻烦，一旦急需用资金就显得尴尬了。

小富的客户张女士就是一个超级爱买房子的人，几乎是有钱就会买房子，对于这种看得见摸得着、"只涨不跌"的资产，她从内心里感到踏实，她和老公都属于高收入阶层，自然消费水平也不低，但是由于行业不景气，他们的公司在 2016 年倒闭了，一家人一个月 3 万多的开销一下子让她压力很大，经常会出现一些资金上的问题，卖房的时候才发现房产很多时候是"有价无市"，几个月都没能卖出去，有时只能去找已退休的父母借钱来周转一下。

与张女士不同，小富的另外一个客户王先生是做批发贸易生意的，资金动用频繁，他喜欢将资金放在一些比较灵活的理财产品上面，当天可赎回的理财是他的最爱。遇到资金紧缺的时候，一般是向朋友借款周转，当然，也会给比较高的利息。最近他听从小富的建议，尽可能地将资金进行一些规划，对一些可预期的未来支出，通过做固定期限的理财来提高收益，同时还灵活使用一些质押贷款来解决临时的资金周转。过去，他一直觉得保险不划算，浪费钱，这几年，他渐渐意识到，自己在家里的"顶梁柱"作用，也担心因为生意上的事而影响到了自己家庭的财富，就在小富的规划下配置了保障性的保险和财富保全型的保险，做好家庭的最后一道防线。

相对于张女士和王先生，李先生算是投资理财的专业人士了，特别喜欢跟小富在投资方面进行交流和探讨。跟中国大多数的证券投资者一样，李先生对于投资的认识是从炒股开始的，在 2009 年那波小牛市中，曾投过 10 万块钱来试水，一度赚了 30% 左右，但股市涨得快跌得也快，终于李先生被套，钱放在里面三四年也没解套，最终忍痛止损出局。这次投资经历，也让李先生直观感受到了股市的深不可测，觉得自己作为非专业人士，还是敬而远之比较好。刚好赶在 2013 年前后，一些刚兑的产品信托、P2P 之类收益高的固定收益类产品风靡全国，于是就将大部分资金投资了信托，少量的配置了些 P2P。

到了 2014 年第四季度，A 股上涨明显，大家普遍认为牛市来了。信托产品那几个点的收益就显得有点低了，P2P 的风险也慢慢暴露，有些平台也开始爆雷了，看着股市红火，李先生就逐步地把信托到期的资金退了出来，但吸取上次炒股失败的经验，在跟小富进行讨论后，觉得还是买基金吧。

在公募基金和私募基金间，小富和李先生做了深入的讨论和对比。公募基金一般盘子比较大，仓位比例一般有比较明确的限制，收管理费但不提取超额业绩报酬。大多数公募基金是随行就市，随大盘涨跌。私募基金盘子一般要小些，大的也有上百亿的，仓位一般比较灵活，一般要提取超业绩基准的 20% 作为报酬，对管理人的要求较高。对比来看，在收益和费用方面，公募基金更有优势；在风险控制方面，私募基金空间更大。由于未来市场充满了不确定性，鉴于李先生投资的金额较大且不希望产品的波动过大，小富就建议，公募基金与私募基金各投资一部分，分散风险，在具体产品选择方面，不管是公募基金还是私募基金都是选择行业内较为知名和管理业绩比较稳定的产品。

随后，大盘从 3200 点一路上涨到了 4200 点，涨幅 30%，配置的基金才18% 左右的收益，全部跑输了大盘。李先生心里不免失落，以前跟他一块炒股的朋友，这次因为重仓创业板股票，50 万的资金已经有接近翻倍的收益了，而听来的故事更是传奇，某某加杠杆赚了多少多少倍。李先生的爱人对此也不免抱怨，早知道不如自己做了，或者早知道买哪只哪只产品了。李先生和爱人商量后，决定把家庭剩余的资金全部投到风格激进的基金。当时大盘已经 4300 点，但几乎所有的舆论都在看多，看好 6000 点、7000 点甚至8000 点，有报纸也发出了"4000 点才是牛市起点"的口号。后来这只基金的确够激进，成立一个月就取得了 30% 的收益。李先生不免有些小庆幸。

但好景不长，2015 年 6 月 18 日，端午节假期前两天，大盘崩了，两个交易日从 4967 跌到 4478，市场急转直下。李先生一时慌了神，"想赚怕亏"，一时不知道怎么办好。小富则认为大盘积累的盈利盘过多，考虑到目前的盈利已经超过了常年的平均收益水平，可考虑通过减仓或清仓的方式来降低投资的风险。在跟小富沟通后，李先生决定赎回自己的投资。

李先生最终及时撤回了自己的投资，但收益较前期已经缩水不少。最早买的两只基金一只获得了 35% 的收益，一只获得了 25% 的收益。而后面买进去的，涨得快跌得也快，反而亏损了 5%。

几个月过后，李先生回头来看，不免心存感慨，在这次大的行情中还算做到了"全身而退"，并没有亏损到本金。而当年翻了番的朋友，都亏损了 30% 以上。借助专业的投资管理、恰当地管理自己的收益预期也成了他的投资心得。

第四节
工薪族是怎么理财的：或许有你的身影

达到"财务自由"的毕竟是少数，我们大部分人都是"工薪一族"，通过自己的辛苦劳动来获取收入，再通过理财的"第二条腿"让我们的财富积累得更快，让我们的生活更美满。但对于我们大部分人来说，家庭和学校都是缺乏理财教育的，我们往往是从工作后才开始自己摸索怎么去做好财富的管理。

得知小富在做理财，不少朋友都慕名前来咨询，这不，刚大学毕业的叮叮就找上门来了。叮叮工作半年了，试用期刚过，转正后的工资高了一截，而且就在本市工作，跟父母住在一起，这就省去了一大笔房租、水电、伙食的费用。虽然还没有谈朋友，叮叮的开支却不小，4000块的月薪基本上到手就没有了，标准的"月光族"，工作半年了基本上没有什么积蓄。

小富发现叮叮最大的问题就在于没有处理好投资与消费之间的关系，我们用钱的时段与挣钱的时段实际上是存在时间差的，我们只有工作的这二三十年在挣钱，而一生都在花钱。同时，20岁至35岁间是花钱最多的时段，而挣钱最多的时段往往在40～50岁之间。这中间就需要综合运用存款、基金、保险等理财方式，以及住房贷款、消费贷款等信贷工具，使我们的人生幸福感更强。当然在中国，很多父母往往会支持孩子一部分购房、结婚等费用，但买房、买车、结婚等大的开销一样接一样，若不形成自己的理财习惯，将会非常的被动。而要进行一定的财富积累，去除掉一些不必要的消费是必不可少的。小富建议叮叮要从消费记账入手，坚持记账一个月，就会发现自己最大块的支出花在哪里了，找出哪些是属于不必要的冲动消费，以后尽量避免。同时为自己定下积蓄目标，比如每个月结余2000元，并且随着自己收入的增长和工作的稳定，尽可能地多结余资金用于储蓄，通过合理的方式提高储蓄的收益。现在很多平台都有专门针对工薪族、每月定投的产品，一年坚持下来，叮叮可以积累2万多的本金，同时还可能会获得额外的收益。这样日积月累，慢慢就可以有更多本金作为投资的资本了，然后就可以增加自己的理财方式。

对于很多"月光族"来说，形成一种新的消费习惯和投资习惯是非常重要的，将会影响终身的财富积累。消费带来的愉悦往往是一时的，而投资会带来更多的愉悦，积小钱成大钱也是我们普通的工薪阶层"致富"的不二路径。

转眼间，时光就到了2017年，叮叮已由刚步入职场的小年轻变成了经验丰富的"叮老师"了，他也经过多年努力形成了良好的理财习惯，除了买车、买房和日常的开支，他的银行账户上成功地积累了10万元左右，这多少也有小富的一份功劳。叮叮准备把这 10 万块钱拿出来用于结婚，这 10 万块钱现在大部分已经被他从各种产品中赎回来，放在了活期里。虽然他觉得放在活期里不太划算，但又怕万一要用钱的时候拿不出来。

这部分资金他准备拿来办婚礼、度蜜月，以及购置一些家具家电。在了解这些情况后，由于是较短时间内必然会用到的资金，故对资金本金的安全要求非常高，且在使用时间上比较刚性。小富就建议他选择一直在按预期收益兑现的银行理财产品作为投资标的，先把资金使用的时间点确定下来，再根据使用的期限来配置相应的理财产品，在时间匹配的情况下，力争收益最大化。

一般来说，理财产品的收益率与期限是相匹配的，期限越长，收益率越高。用来买家具家电的钱是要最先使用的，他预计会在 3 个月之后使用，而办婚礼和度蜜月的资金则要在 6 个月之后使用，两笔资金各占了 50% 的样子。

很多理财产品的起点都是 5 万，叮叮这样分配之后，也刚好可以够理财的条件。小富就建议他买了一笔 3 个月的银行理财，收益率 4.5%，剩下的资金买了一笔 6 个月的理财，收益率 4.8%；这样算下来，差不多就会有 2000 块钱左右的理财收益入账。同时，为了避免一些意外要动用到这笔资金，就选择了可以随时进行质押贷款、资金可以秒到的理财产品类型。当然，小富还建议叮叮在结婚后，给自己和新婚妻子开始买第一份人寿保单，受益人可以先写成对方的名字，等将来孩子出生后可以改成宝宝的名字。人寿保单不仅是一种财富长期积累的有效方式，也是传递爱的一种方式，理财是可以有温度的。

叮叮的部门经理老张，工资要比叮叮高一大截，平均有 1.5 万左右，每个月要还 5000 块钱的房贷，虽然有一个 5 岁的孩子要吃饭、穿衣、买玩具、上兴趣班，但这些开销基本上不用老张去费心，因为老张的父母早就打理好了这一切。张太太有了孩子后做了全职宝妈，全心照顾孩子。张太太是极其厌恶风险的人，有点钱就喜欢存做定期存款，但定期存款的利率一降再降，让她心里无比窝火，看到其他人各种理财方式"日进斗金"，不免心生羡慕。老张与太太两个人一合计，决定拿点资金来做理财。老张就把周围朋友的一些理财方式拿来做了对比，从有"明确"预期收益的产品来看，P2P背后的资产看不清楚，潜在风险比较大；信托的起投门槛太高，不太适合尝试性的投资；基金涨涨跌跌心里又没底……对比到最后，他们选中了泛亚"日金宝"，这个产品是由云南的泛亚有色金属交易所发售的，据说该所是世界最大的稀有金属交易所。整个的投资逻辑也比较清晰，有些想买货的商家钱临时周转不开，就需要借款，一般也是经过交易所审核的。商家不仅会先付20%押金作为他们一定会买货的保证，而且在还完全款前也会进行货品的抵押。年化收益率可以高达13.68%，而且随时能够取现。应该说，这是一种性价比高的产品，老张有同事买这个产品已经有半年了，每次投资都非常顺利。老张两口子就投了5万进去，也都能随时取现出来，两个月下来确实比存定期多收不少利息，两个人别提有多高兴了，就计划扩大投资额度，等家里一笔50万定期到期的时候就投进来。正在这时，网上传来了泛亚有色金属平台爆雷的消息，把张太太吓了一跳，就赶紧去赎回自己的资金，却发现正常情况下第二天就会到账的资金过了几天也一直没有到账，平时联系的客户经理手机也关机了，两人一下子慌了神。两个月后，两人基本确信这笔钱是回不来了，不幸中的万幸是没有加大投资金额。

一个偶然的机会，老张认识了小富，就请小富给点专业的建议。小富认为，参考国外发达国家的存款利率趋势，我国目前存款利率持续下行会是一种不可逆的趋势，单纯靠存款来提高收益的时代已经过去了。同时，理财不是单纯追求收益，而是要在考虑资金的未来用途的基础上，考虑可投资的期限和可承受的风险进行相应的匹配。虽然目前张先生家庭非常幸福，但实际上也蕴含着不小的风险，张先生目前收入比较高，但全家只靠他一个人挣钱，风险非常集中。张太太全职在家，社保能够覆盖的医疗和养老非常有限，目前孩子的开支基本上是由爷爷奶奶在负担，但孩子以后的开销还会加大。基于此，小富建议张太太按照最高限额来缴纳社会保险，同时购买重大疾病保险；张先生购买意外保险和重大疾病保险，这些虽看似在"花钱"而不是在"生钱"，但却为家庭提供了较强的保障，防止家庭的财富"漏水"。在此基础上，选择境内大型正规金融机构发行的理财产品、债基基金和理财型保险作为固定收益部分，在期限上进行错配，同时将每月部分工资结余分成两份进行基金定投，一份是孩子的教育金，一份是自己的养老金。另外，还建议张先生办理信用卡和住房快捷贷款业务，作为临时资金周转的手段。

作为"上有老、下有小"的中年人，不仅是家庭的顶梁柱，也往往是公司单位的骨干力量。收入比以前高一些了，但承担的责任也大了很多，对于资产的管理就不仅是关系自己个人，而是关系到三代人的幸福，所以不难理解，不少中年人都是抱着"稳中有进"的态度在进行资产的管理，既希望能够根据自己的知识为自己的理财"多收三五斗"，遇到万一出现了风险情况，损失又会在自己的掌控范围内。

第 三 章

现金为王：怎样让兜里随时有钱

现金，是我们的"生命线"。安排好
自己的现金的同时，还要巧用金融机构的
资金。"高利贷"的悲剧看多了，宁可少
吃少赚咱也别去碰。

在财富管理的世界里，财富的流动性管理用"现金为王"来表述，就足以说明现金所占据的地位极其重要。这好比建一座大厦，现金管理就是大厦建筑的最基础部分，只有把地基打牢了，才能做好大厦上面的建设；保险可以"以小博大"解决家庭突发大额开支，保障家庭生活安全的钱；投资股票、基金、房产，用投资挣收益实现"钱生钱"；购买债券、分红保险、银行理财等，在本金相对安全的情况下，追求"保值、升值"的钱。

现金流管理，就像人体循环的血液，维系着一个家庭的日常生活开销或突发事件的紧急支付。如果现金出现断流，就会让家庭生活陷入"按倒葫芦又起瓢"的被动局面。为了避免"支付危机"，很多人会选择那种"宽松"的日常开支账户，不少的年轻人甚至选择把所有的钱都放在活期账户或支付宝、微信钱包里，这样做似乎会带来极大的"安全感"——可以随时支用。但另一方面，这样很容易让年轻人徘徊在"月光"边缘，只能一再告诫自己得"使劲儿努力挣钱"，始终无法在挣薪酬的同时让这些薪酬再次为你"赚钱、升值"。

而现金流管理最恰当的状态，是做到"刚刚好"，那怎样去实现这个"刚刚好"？通过什么途径去实现呢？这些问题看似简单，实际上是非常考究的。

第一节
理财第一步：理出自己的收支计划

小富跟千千万万个财经院校毕业的学生一样，应聘到某商业银行工作，从整天数着别人家钱的"桂圆"（柜员）到每天微笑满面迎来送往的大堂经理到大家心目中的"小财神"（理财师），风风雨雨走过了10年。由于小富"勤思考、肯动脑"，不少的客户都成了他忠实的"粉丝"。

很多人喜欢来找小富"查流水"，定期把自己卡里钱的收支情况理一理。有些老年人比较喜欢用存折，觉得白纸黑字心里看着踏实，但大多数人现在已经习惯用银行卡了，甚至于连银行卡都不用，直接用手机扫码了。这两年我们几乎每一个人又添了一张"新卡"——社保金融卡。不同于一般的卡，这个卡相当于社保卡和银行卡二合一，还相当于我们每个人的第二张"身份证"。

不管我们是用银行卡还是用社保金融卡，或是把这些卡绑定在微信、支付宝上，都最好集中用一张卡来管理生活中日常开支的资金。也不管我们是"一人吃饱，全家不饿"的单身"贵族"，还是掌管着一家吃喝拉撒开支的家庭主妇，或是买卖做遍全球的小老板，对于日常收支进行定期的总结和管理都是非常重要的。

潇洒的年轻人：记账越早未来越好

在小富父母那辈儿，单位分房子、发柴米油盐，进个好单位就生活不愁，但到手的工资也并不多。到了小富这代人，找了份相对稳定的工作不代表"衣食无忧"了，成家立业、购车买房、子女教育、孝敬照顾父母等都是需要面对的问题，提前规划准备才能够"应对自如"，而养成记账的习惯是做好家庭财富管理的第一步。

小富在工作中经常会遇到一些高收入的"月光族"。有一天，他在办公室一边等待已预约的客户，一边梳理当天要联系的客户。忽然听到门口有甜甜的声音在问："您好，我能进来咨询一下按揭贷款的事吗？"小富抬头一看，是个 90 后模样的年轻女孩，赶忙起身迎接，心想"现在主动到银行来问事儿的年轻人还真是不多了"。

女孩自称叫刘彤，最近看中了一套房子，她爸妈帮她给了首付款，但需要她自己来付按揭款，房地产开发商可以提供 A、B 两个银行，她的工资是由小富所在的 B 银行代发的，就来咨询按揭贷款的细节。

买房对于很多年轻人来说是一件大事，也是第一次真正地深度接触"金融"。小富帮刘彤做了分析，不同的银行利率政策可能是不一样的，多数银行的政策是在基准利率基础之上进行上下浮动，不同的浮动政策会影响整个 20 ~ 30 年的贷款周期，影响非常大，所以要优先选择贷款利率较低的银行。如果两家银行利率是一样的，那么应该优先选择代发工资的银行，这样资金就不用转来转去了；如果开发商提供的按揭贷款银行不是工资的代发行，在贷款利率以及相关条件相同的情况下，就要优先选择平时常办业务的银行，这样方便资金集中管理。

除了贷款银行的选择，还款计划也是贷款中的核心问题。一般银行都会提供"等额本息"和"等额本金"两种还款方式，每个月的还款实际上既包含了本金也包含了利息，客户选择还的总金额固定不变还是还的本金固定不变，差别很大。刘彤计划贷款 60 万，按照 5.6% 的贷款利率，如果还款 30 年的话，等额本息每个月就要还 3444.47 元，30 年总共要还的利息总额是 640012.72 元；按照等额本金的话，每个月还本金固定是 1666.67 元，但每个月要还的利息金额是每个月都在减少的，第一个月要还的利息是 2800.00 元，再加上本金第一个月要还款的金额就是 4466.67 元，第二个月是 4458.89

元……30 年累计要还的利息总额是 505398.99 元。这样对比下来，就可以明显看出，等额本息每个月要还款的金额是一样的，要付的利息比较多；等额本金每个月要还款的金额是越来越小的，开始的时候还款压力要大一些，要付的利息要少一些。两种方式没有好坏之分，选择哪种方式关键要看自己的资金安排情况。

刘彤看到每个月要还款的金额，有一些迟疑，她的收入看似不低，但还款还是有不小的压力。她现在在一所大学里教英语，固定的工资收入只有4500 元，每个月的课时费在 1000 元左右，但每个季度才会发一次。同时，她课余时间在一个留学培训机构做兼职老师，每月大约有 4000 ~ 6000 元的收入。月入上万对于一个在西部城市的年轻人来说还是很不错了，小富不禁为她点赞。但刘彤有点不好意思，她平时都是有多少用多少，每月有点结余但不多，近似于"月光族"。

小富不禁吃了一惊："你每月的开支主要用在哪些方面？"刘彤皱了皱眉头说，每月的支出主要是和朋友们一起吃吃喝喝、付房租、买衣购物，还有其他各种生活开支费用。做兼职有两年了，一直没有存什么钱，但又不知道钱花到哪里去了。

显然，刘彤是大手大脚惯了，"花钱随心情，存款无心情"。小富给她做了下测算，按照一般的衣食住行这些"刚需"的花费，依刘彤这样的收入水平再加上住房公积金，每月交 4000 多元的按揭，虽有压力但问题是不大的，但她得有计划地花钱。小富建议她给收入和开销情况记账，按收入按渠道的不同分类记录，如月工资收入、绩效收入、兼职收入等分开记；支出按开支的内容不同分类，如餐饮、购物、服饰、社交、居家以及交通出行等费用，分开记录，坚持每月记账。当记录一段时间后，再进行月度收支比较，就可以发现原先认为不稳定的收入是在上升还是在下降。从她目前的情况来看，即使兼职收入有可能下降，在大学的工资水平也一定是个上升的状态。同时，在她每月的开支里，有刚需开支，也有可压缩的开支，从比较中就可以区别出哪些是可花可不花的钱。其实，管理自己的财富和管理企业的财务收支是一样的，增收节支永远是我们应该追求的管理目标。

刘彤频频点头："你说的方法真好！"不过，她又觉得每月记账太麻烦了！小富可不这样认为，"现在科技那么发达，跟以前的手工记账完全不一样了，一点都不麻烦"。我们把日常生活使用的卡关联到手机银行 APP、微信、支付宝等上，每项付款都会有明细记录，每个月花一点时间来梳理一下就行了。"从你的日常开支来看，还是有很大管理空间的，完全可以在保障每月按揭还贷、日常生活的同时，再做一些保险和基金定投之类的投资——只是你原来的消费习惯得改一改了。"

"专业的就是不一样，我这就开始记账。"刘彤对按揭贷款似乎心里有底了，表示坚持三个月后一定来再次拜访小富，希望能在财富管理的更深层次和领域得到小富的指导。

管财女主：应对家庭财务有妙招

"女人能顶半边天"，在小富服务的客户中有不少单身"财女"，也有不少家庭的资产都是在女主人的账户上，这些"财女"们是家庭财富的"管家"。小富不仅专业，而且态度温和、服务周到，总是不厌其烦地为大家耐心讲解财富管理背后的投资逻辑。"财女"们遇到资金管理的事，不是电话、微信，就是跑银行找小富，这样一来二往，小富就成了不少"财女"的偶像。

小富的同事小李才工作一年，年纪轻轻的她总觉得没办法搞明白这些"财女"们管理资金的思路和兴趣点，为此小李感到很迷茫，就专程来找小富请教。

小富如数家珍地总结了"财女"们在家庭资金上的特点和容易出现的问题，提醒小李要多从家庭收支管理来为她们"出谋划策"：

要点一：从家庭的角度来看"财女"们的资产管理。留在活期账户上的钱，是供一家人使用的。一个家庭一般都上有老、下有小，很容易出现一些无法预算的临时性应急开支，如父母突然生病急需开支，小孩临时需要报一个什么补习班、夏令营之类的。因此，"财女"们手里日常备用现金应尽可能放大一些。那具体多少合适呢？这就要根据每个家庭的主要收入水平而定，一般应该是在日常开支水平上增加一倍左右。

要点二：用专业的方法来解决现实的问题。"财女"们在家庭的现金流管理上一般容易出现的问题是"散"与"小"。具体来说，她们喜欢每隔一两个月就到银行把认为可能不用的资金存一个定期或理财产品，这样下来就有很多金额不大、期限不等的存单或理财产品。但由于那些收益较好的理财产品往往有对起点金额的要求，这样，资金就会被分割得散而小，不利于更好筹划。正确的方法是：将资金放在开放式的理财产品里，积累到一定金额后再做一次性的购入计划，或采用"零存整取"的方法，如基金定投、期缴保险等，积少成多地把资金规模做大。

要点三：要用"理性思维"解决"感性问题"。很多"财女"喜欢到各家银行比较存款和理财产品收益，看到哪家的收益高点就在哪家买产品，于是家庭管理的资金分散在了好几家银行，这其实是有很大问题的。表面看单笔产品的收益是提高了，但资金在不同的银行之间转去转来会有一定时间上的占用，再加上有些理财产品从购买到开始算收益、从产品到期到资金到账，也都是有一定时间的占用。如果我们算账不仔细，其实就是得不偿失。"分散风险的办法是把鸡蛋放在许多不同的篮子里"的说法，对于日常开支的高安全性资产来说是没有意义的，所以要尽量把钱相对集中地放在一两家银行，这样就减少了各账户零星资金的占用，并且需要申请信用卡、贷款融资的时候就会更容易得到银行的支持。

听小富讲完对于"财女"们收支管理的要点，小李若有所悟，对今后怎样为"财女"们服好务厘清了一些思路、找到了一些角度。

当老板账算精：厘清经营收支有方法

能当老板的，账都算得"溜转"。但这只能限于生意的范畴，在资金管理方面很多精明的生意人就显得有些"外行"。小富有不少的客户是做批发生意的，他们喜欢把资金都放在活期账户上。做服装批发的黄老板就是这样的，"我们做批发生意，主要靠的是资金上的快进快出，只要有钱赚，有资金我们就做。所以我们的资金一般都放在银行活期账户里，没有做其他啥理财之类的事，我觉得用在自己熟悉的经营上赚钱更靠谱些"。小富很诚恳地对黄老板说："很多做生意的人是担心要用钱，通常会把大部分的资金都放在活期存款里，但那到底放多少才算合理呢？如果能够规划好，不仅能够安排好资金使用计划，还可以通过更合理的方法来提升资金的收益。"

一说到规划，黄老板有点犯愁了，但这绝对难不住小富："您不是用了我们银行的市场通 APP 和智能 POS 吗？它们不仅带有收支记录功能，还有支持商品展示、购销合同确认、物流等多种场景的应用。"

黄老板顿时眼前一亮："听你这样一说，的确不难。那我让店里负责收银的小妹把市场通里的收支数据都整理出来看看，说不定对我进货的决策有帮助呢。"

"这是肯定的嘛，现在都是大数据时代了，做商贸的用经营数据来支撑很重要哟！"小富接着说，"有了数据，加上日常现金交易水平，再结合你对市场的判断，确定一个保证日常支付的资金额度，那超出额度的部分就可用来买些通知存款、短期理财产品或开放式理财。虽然你购买的这些产品时间不长，但你的资金量比较大，还是能增加不少的收益呢。"

"好，有道理，我马上整理数据，下月就开始按这个方法操作。"黄老板有些兴奋起来。接下来小富又和他聊了些经营上的事情，起身告别时，黄老板不停地说："小富，你以后要经常来看我们，给我们出主意、想办法啊！"

第二节
随时要用还想多收益：有窍门

10年以前，人们去银行存钱，主要是活期或各期限档次的定期存款。随着利率市场化的不断放开和金融行业的发展，现在存款、理财、基金、保险、黄金等产品线可说是数不胜数、各显神通。有人说：流动性强（随时可支取）、收益高（利息回报高）、保安全（保本保收益），是一个"不可能三角"。

其实，流动性、收益性和安全性三者实际是一个平衡关系，在一定条件下是会"此消彼长"的，但在大多数情况下，很多人并没有"用足"，这就意味着潜在一定改进空间，比如说，不降低流动性的情况下来提高收益。

这是一个普通得不能再普通的傍晚，小富结束一天的工作，就匆匆赶往同学聚会的地方，去和上周就约好的几个中学同学见面。

几个同学虽都在同一城市，平时却都在各自的行业里忙。有人当了医生，有人当了律师，也有自主创业的。这几个80后，从县城到省会求学、找工作并在这个城市安家立业，在各自的领域发展得都很不错。小富一进门，几个同学都开心地叫他"财神爷"。几个老同学亲热地打闹说笑起来，大家谈各自的近况，也聊家庭的琐事。谈着谈着就谈到了理财的事了。当医生的刘仔细说，他家是老婆在管钱，每个月除了零花的，他全部上交。律师贾丽丽说，她主打经济官司，还是比较懂经济的，她的钱主要放股市上，股市不好呢，就放货币基金里去。自主创业的张翔说，他倒不指望银行能给他多少利息，他主要是关注项目——钱放在银行里是为项目运作的支付服务的。

既然有"理财专家"在，几个老同学就专门给小富出难题：有没有什么好产品，既可以保证能随时用，又可多增加些收益？

那哪难得住小富呢。"大家除开每月工资稳定性收入外，像贾丽丽呢还有股票、基金等财产性收入。当然，像张翔这样的'资本家'，除了他公司每月发的工资薪酬，还有房子、铺面等的租金，年底还有经营性分红，早就超越工薪族的范围了。但不管怎样，我们每个人从有收入的那天起，应该就有一张很重要的银行卡。我个人认为，对大部分家庭来说，主要的资金还是应该放在银行的账户里，部分用于日常支付的可以放在支付宝、微信等里面，还有部分用于投资的资金放在证券公司的证券账户里。至于其他诸如高息揽存、P2P等就不要轻易去存放了，我要提醒大家牢牢记住一条：理财千万条，正规第一条。"

"哦，对于钱放哪里，我们还是比较慎重的"，刘仔细说，"我对这件事情感兴趣——怎样才能让我放老婆那儿的钱既安全又随时能支取，还收益相对较高呢？"

聚会聊理财：理财千万条，正规第一条

小富清清嗓子，有些得意地说："问得好。那我先说说你们那张工资卡吧。每个月发了工资、转入各种收入的钱后（最好先到银行去申请签订一个通知存款形式的产品协议），根据你日常支付的需要，确定一个起点金额。比如：刘仔细就可以定为 5 万以上，但张翔可能就要定为 10 万以上了，只要超过约定金额以上的资金就可由银行按照你签订的协议，进行个人通知存款自动转存。这个产品有一定的起存金额，其特点是智能管理，无须预先设定，银行会根据你实际存期自动选择最优的通知存款组合，连续存满 7 天按 7 天个人通知存款利率计息，不满 7 天按一天个人通知存款利率计息。"

张翔听到这，就不屑地撇撇嘴说："这点收益不高嘛！"

小富看他一眼，说："那是，可它是每满 7 天自动转存一次，并将利息计入本金，是复利计息的哦！而且，关键是支取便捷。当你使用银行卡消费时，活期留存的账户若余额不足，就可从最近一次存入的通知存款账户进行部分回转，它的好处是，你可同时拥有活期的方便和相对高的收益。"

这时在一旁的贾丽丽插话说："嗯，是应该这样管理。但我还听说有另一种存款，只要你和银行签约，银行就会根据活期账户的存款积数分档次计息，相当于活期存款拿定期存款的收益，是这样吗？"

"是的，"小富接着说，"去年就有银行可以签约这样的存款，特别是代发工资账户，每日活期存款累计积数达到一定条件后，可享受定期存款的收益，签约期一般为一年。但最近因监管部门的要求，都停售这类产品了，不过已签约的账户银行还是要按约定期限履约的。随着银行利率市场化的推动，银行的存款产品也会呈现更加多样化趋势。我们可以在银行的网点和 APP 上关注这方面的信息。"

讲完活期存款如何增加收益后，大家对存款保险制度下，存款会不会取不回来的问题很感兴趣，小富就继续给大家解释："我们每个人的精力有限，不可能事事都关注，但在理财方面还是需要多花些心思的，我现在说的是家庭的财富安全和保值增值。从资金的安全级别来说，银行存款是商业银行的信用做背书，但银行也是一种企业，难免不出现一些经营不善的银行，存款保险制度相当于是给所有银行的存款保险实行有限的担保，最高偿付额为人民币 50 万元。这个额度已经能够解决 99% 以上的存款安全问题。同时，我们投资理财要回归投资本源，资产的安全要回归到资产本身的情况。"

"除了存款，不少喜欢网购的人都喜欢把钱直接放在各种'宝宝'理财里，比如在淘宝上就可以放在余额宝里，这些'宝宝'实际上就是货币基金，由于做了一些'技术处理'，资金到账非常快捷，现在的收益水平可以和定期存款相媲美哟！"

刘仔细有些不解，不是说基金投资风险大吗？小富笑笑说："产品的风险不是看名字，而是要看投资方向。基金种类有很多：货币基金、债券基金、混合基金、股票基金……每种类别的风险情况都不一样。货币基金主要是投资一年以内的短期货币工具，如国债、央行票据、商业票据、银行定期存单、政府短期债券、企业债券、同业存款等短期有价证券。这些投资标的都是信用级别较高的品种。货币基金不会白纸黑字保障本金安全，但投资标的的风险情况决定了它是安全度非常高的产品，很多机构都把货币基金作为了存款的替代。"

"在哪儿可以买到？"张翔来了兴趣。"很多地方都可以买，但同类产品在不同的金融机构还是有区别的，这要根据你所在的渠道和需求的不同做选择。当然，也要学会做同款产品比较。比如，贾丽丽喜欢炒股，因股票的买进卖出资金经常在证券公司的账户里，那她就有可能在券商那儿将赎回的资金买货币基金；刘仔细的老婆喜欢在网上购物，那她就应该把放支付宝里结余不用的钱转放在余额宝或京东小金库里面——它们实质上都是货币基金嘛。"小富如数家珍。

"哦，是这样呀！"刘仔细好像有些明白了。正想再张嘴提问，却被贾丽丽拦住打趣了一把："喂，喂！你的钱不是都交你老婆管理了吗，干吗还这么上心？"刘仔细瞥她一眼，装恼怒瞪眼说："嘿！管老公太紧了不好，还不准我们有点小金库吗？"

话音刚落，大家都开心地笑了。小富又说道："如果我没有猜错的话，你们肯定都在银行买过理财产品的，有没有注意过有种理财是'开放式理财'？"

"银行的理财产品为啥还分开放不开放的，还有不开放的吗？"刘仔细问。

"是的，理财产品分为封闭式和开放式这两种。其中封闭式理财产品有固定赎回日期，产品到期前不能提前赎回，有些是可以做质押贷款；开放式理财就可以提前赎回，并且它的资金流动性比较好，按产品的约定有随时赎回，也有按月开放赎回，或按季、半年、一年及一年以上开放赎回的理财产品。"

"这类随时可赎回的理财，和货币基金、余额宝一样，是主要投资于货币市场的短期货币工具，也就是前面提到的国债、央行票据、同业存款等短期有价证券。"

"哦，但我发现银行发售的这类产品，起售金额和赎回要求都差不多，但收益好像有区别。"贾丽丽说。

小富跷起了大拇指："是的，看来贾丽丽对金融是要有感觉些。这主要是因发售产品的金融机构或团队不同，产品在收益上也略有差异。就像你选基金一样，同一类别但不同基金经理人管理的产品，在收益上是会有差别的。贾丽丽，你平时爱买水果不？你买的红富士苹果是不是味道口感都差不多，但个头大小有差异？这就和你购买产品时出现收益差别一个道理。你只要购买时多和理财经理沟通，或者在 APP 上对产品收益做做比较就 OK 了。还有，这个净值收益也是在变化的，所以你要在银行 APP 上多观察，也可随产品收益变化做调整。"

贾丽丽听了连连点头。小富继续说："开放式理财产品主要是用来管理人们存在银行暂时不用的钱。你们不要小看这个资金流动性管理操作，一些做生意的人经常会在活期账户上放几百万至千万量级的现金，如果收益提高 2 个百分点，一年可就是十几万！"

哦，这样说来还真不少，真是小账不可细算呢！张翔一听，一下就来了精神，马上问："安全不？我可是从来都没买过啥理财产品的，最近听说某家银行出现严重的信用风险问题被接管了？"

"是有这事儿。虽然这次接管后，对接管前的个人储蓄存款实行了全额保障，但事实再次告诉我们，银行也有倒闭的可能。所以，投资理财还得回归投资本质，要自己去评估风险，不能看收益高就盲目地投。"

流动性资金管理，对安全度要求也是相当高的。可以根据资金在支付和投资渠道上的安排，在保证随时支取的同时，尽可能提高收益。

"哈哈！今天聊得太好了，我又学会了一招，也可以多'捡'点钱了，这顿饭吃得真值。"刘仔细说。

第三节
"借钱"也是一门艺术：候补队员很重要

"无债一身轻"，过去的人常这样说。如今这话到底还准不准确呢？

答案或许是NO！

对这个问题，我们可以从两个方面来看：一方面，人生是短暂的，如果我们家庭一些大的开支，如房子、车子，或者经营规模上的扩大，都要等积累达到了支付能力才去购置或扩大经营规模，那或许我们就会错过及时享有或公司发展的大好机会。另一方面，我们还是要"量入为出"。特别是那种利用多家银行信用卡套现的过度消费，或企望利用加杠杆投资股票、基金等——这些就是让家庭财务收支无序、出现生活被动的不正确做法。因此，借钱也是一门"艺术"。如何巧用借款？怎样借？借多少？其实，只要把握好时间、节点和度，就可以让你的生活变得更加轻松、愉快和幸福！

信用卡是"借钱"中的第一候补队员

时光如梭,小富仍在理财师的岗位上忙碌着,不过,天资聪慧、勤奋好学的他,通过学习和对大量的市场信息数据研判,成长得很快。

这天,他刚接待了一位预约客户,理财室门口有个人探头进来打招呼:"你好!还认识我吗?""这不是上次来咨询按揭贷款的刘彤嘛,快来坐。"小富热情地招呼着。

不等小富开腔,刘彤的话匣子就打开了:"上次听你意见后,我就把每月的账户收支情况分类做了记账。通过每月分析对比,也节省了不少莫名其妙、可以不开支的钱,这三个月还款也很顺利。我正在预算下个月的开支,发现学校因7月放假,7至8月就只有基本工资,没有课时绩效了,我还计划到日本旅行呢,好像要入不敷出了,咋办?"

小富听后笑了:"你看,这就是你以前大手大脚乱花钱的后果。像你现在这样,一人挣钱一人花销都计划不好,以后还有子女养育教育、医疗等各种开支,如果还像你现在这样随时收支相抵无结余,是很危险的呀!不过,你现在是在缴了按揭贷款月供的基础上无结余的,比以前又进步多了嘛!"

刘彤不好意思地嘿嘿笑。小富接着说:"其实,我们可以通过对你的旅行基金、学习教育基金的筹划,帮助你做好大额用款计划的安排。"

刘彤很认真地听着:"这个我知道了,只是我做收支管理的时间还不长,建基金的事恐怕只有在以后的时间去完成啦。我现在担忧的是,我现在该怎么办呀?"

"嘿嘿,遇到问题来找我就对了,"小富打趣道,"你平时用信用卡吗?"

"还没有。我怕管不住自己,把信用卡刷爆了咋办?还有我怕万一又记不住还款,留下不良记录,就更麻烦。我这次申请按揭贷款才知道管理好自己的征信记录好重要哟!"刘彤迟疑地说。

"知道爱护自己的征信,这个意识很好,"小富赞赏地说,"信用卡要恰当地去运用,就可以很好地充当我们日常资金的'后备军'。"

小富平时总结的"信用卡妙用"这时就派上了用场。信用卡在银行又称为"贷记卡"，与银行的储蓄卡即"借记卡"相对应。储蓄卡是先存款再支付使用，信用卡则是经银行审核，预授信一个额度，比如5000、1万、5万、10万元……在该额度内，可以透支、先消费、后还款，信用卡的本质是银行提供的一种短期资金融通。

信用卡刷卡消费后，可享受银行从记账日至还款日期间的免息待遇，其最长免息期一般为50～56天，最短18～25天（不同银行有所不同）。刘彤对免息期的事好像没听明白，小富就给她举了个例子：假如我们每月收到银行对账的日期（账单日）是7月7日，那么到期还款日为"账单日"后的25天，也就是8月1日。那你8月1日的还款金额是多少呢？是账单日收到的6月7日至7月7日刷卡消费的总和。如果你在6月7日当天刷卡消费一笔1000元，那这1000元消费的免息期为56天；如果你还在7月7日消费了一笔500元，那这笔500元消费的免息期为25天。在这个免息期内，就可以"免费使用"银行提供的资金而不用去支付利息。

这样就可以解决7月到8月这两个月收入相对较低的问题。比如说7月7日后刷卡消费的账单，要9月1日才需还款，如果9月还款还有压力，还可以申请账单分期，将还款压力分摊到分期申请时间的月份里。

问题解决了，但要正确地使用还有一些问题需要注意：

确保信用卡消费后及时还款。不少人害怕忘记还款而形成不良记录。在银行申请信用卡时可以关联我们稳定收入来源的储蓄卡，在每月收到银行的还款短信后，只要重点检视这张卡有没有足够的资金就好了。其他银行卡的资金可以通过"自动归集"的方法来集中到一张卡上。这样既高效又可以解决资金的临时短缺问题。我们讲的是信用卡的"妙用"，而不是瞎用！不管怎样，还是要坚持做好收支计划安排，对自己的现金管理也一定要做到量入为出！如果入不敷出，那一定是有问题的。信用卡只是解决了收入和支出的时间错配问题，而不能解决"没钱还想花"的问题。

银行通常提供的信用卡种类很多，那该如何选择？

银行的信用卡花样繁多，卡面上的图案各有不同，优惠活动也各有不同，但最主要是要区别境内和境外的使用区域限制：卡面为银联 UnionPay 标识的人民币信用卡、公务卡以及满足自动缴纳高速公路出行的 ETC 卡，其币种为人民币，在国内用起来比较方便；卡面为 Visa 或 MasterCard 标识的全币种信用卡，需要出境旅行或留学时，用起来会更方便些。当然，有些卡种还可以同时用人民币和外币，既支持银联 UnionPay，又支持 Visa 或 MasterCard，这样的信用卡无论是受理机构还是在汇率折算上，都有优势。

如何用好信用卡的提现、分期及最低还款额功能？信用卡除了支持刷卡消费外，在我们刷卡支付不方便时，还可使用提现功能，在银行的自主机上提取现金完成支付。其提取的现金一般累计不超过信用卡额度的 50%，但要收取提现手续费和透支取现的利息。因此，这个功能要尽量少用。确实需要用时，用后也要记住尽快还上，尽量减少不必要的利息支出。

信用卡消费后，在账单日银行会通过手机银行和短信告知我们本月的应还款金额，我们可以根据自己的资金安排情况考虑是全额还款，还是申请账单分期。其实我们每笔刷卡消费到一定金额（比如单笔刷卡金额在 500 元以上）或每期账单出来后，银行都会给我们发一个可以申请分期的通知，并在通知里告诉你拟分期的期数、每期应还款的本金、分期手续费等，供我们选择。这个费率一般是略高于贷款利率的，如果要提前还款的话，就会按照实际用款的时间长短来收手续费，跟我们的"住房按揭贷款"是非常相似的。比如说，采用 6 个月的分期，在第 3 个月时候我们选择把分期的金额全额还了，则只需还 3 个月分期的手续费，而不用还 6 个月的手续费。这与我们平时信用卡消费直接做的"账单分期"是不一样的。

若我们分期额度已被占用，我们还可以使用信用卡的最低还款额，进行账户透支。最低还款额为当期账单应还款总额的 10%，按照最低还款额还款是不影响个人征信的。但使用最低还款额后，从应还款日开始，要收取该月账单全额的日 0.05% 的利息（年息高达 18%），并且每月还要收复息，代价十分昂贵，这个就只能偶尔为之，最好尽快还上。不建议经常使用，因为这不仅要支付较高的利息，还会影响今后信用卡额度的增加。

当然，除了使用资金外，信用卡的各种优惠活动也是不少人非常喜欢的。为吸引大家多使用信用卡，各家银行在各个时段和节假日，都会和许多商家推出各种刷卡优惠活动，什么餐饮商户代金券、1元洗车、9元观影、刷卡消费积分兑换礼品，各种吃、住、行刷卡立减优惠，等等。可以选择一些自己真正需要的来参加，这样还可以帮自己节省不少的真金白银。不能为了图便宜去买些不需要的"优惠"，那样即使再便宜也是浪费！

"哇，这些我好喜欢！"刘彤笑了起来，"那额度是不是越高越好？"

但信用额度这事却不是小富说了能算的。信用卡额度是银行根据我们的收入水平、还款能力、信用状况等来综合评定的。我们的每一笔消费用卡和还款情况都会有详细记录，我们的信用卡使用过程其实就是我们的征信建立过程，我们要像爱护自己的眼睛一样爱护自己的征信！有些小伙伴往往由于重视不够，忘了及时还款或者捆绑关联的银行卡上存款余额不足，造成信用卡逾期甚至是多次逾期，问题就比较麻烦了。当我们发现已形成征信不良，急着找银行申诉时，即便他们认为我们不是有意为之，征信的不良记录也是无法去更改的，我们以后贷款或者办信用卡就会受到影响。

其实除了各家银行推出的信用卡，现在的互联网巨头也有类似银行信用卡的信用消费产品，如蚂蚁花呗、京东白条等。它们在功能上是一样的，如果我们使用支付宝支付时，选择花呗会更便捷，而且使用花呗还有一个好处，就是我们在花呗的使用情况会记录在芝麻信用上。如果我们信用记录维护得好，是会增加芝麻信用分值的。不过，银行信用卡和花呗、白条等在免息时间、分期手续费计息规则上还是有区别的，具体使用时要注意看清楚账单日和还款日，并准备好还款资金，还是那句话：要像爱护自己的眼睛一样爱护自己的信用记录。

刘彤听完，不禁感慨道："一个信用卡，还有这么多的学问哇！"

专项分期——"借钱"解决专项问题

刘彤从小富那儿学到了不少关于理财的知识，她甚至发出感慨：早知道学金融能如此好地管理好自己的资金，我原来就不该学英语专业，学金融该多好！在做好工作的同时，还可管理好自己的财富。

小富则不这样认为，工作就是要去做自己最喜欢、最擅长的事情，至于投资理财，不是有很多专业的理财师么？对于我们大多数人来说，最重要的是得有管理财富的意识，其次是得找到一个可靠的理财师提供投资理财的建议。

刘彤的按揭贷款很快地办理下来了，还有一年就可以交房了。刘彤的爸妈对于她的"独立"很满意，但还是很关切地表示过春节就把积蓄拿出来把贷款还了。小富却不认为这是一个好办法，按揭贷款的利率是各类贷款中利率最优惠的，把按揭贷款还了之后再也难以用这么低的利率贷到款了。年轻的时候往往用钱的地方多，结婚、生子、买房、装修、买车等都是需要大额支出的，等到这些"大事"都办完了，没有大额支出时，再考虑提前归还贷款。同时，对于年轻人来说，按揭贷款更是进行财富管理的开始，用父母的钱把贷款还了，在没有还贷压力的情况下很多年轻人容易成为"月光族"，工作几年下来还是没有存款！对于有稳定工作的年轻人，适当负债是人生的重要一课。虽然我们支付了贷款的利息，但货币本来就是有时间价值的，由于通货膨胀，"今天"的钱比"明天"的钱更值钱。日常有多余的资金可以去做一些保险、基金、理财等方面的投资安排，还可以有额外的理财收入。

一说到将来的开支，刘彤瞪大了眼睛，没想到收了房后还有这么多大额开支需求呀！后续这些费用还是请爸妈来解决，也确实有些难为情。那可怎么办呢？

其实，很多人不知道，近几年很多银行都推出了"大额分期业务"，专门针对装修、买车、买车位等大额的消费需求。但这些分期跟我们信用卡的账单分期可不一样，不是想用哪家银行就可以用哪家银行的，这有点类似于按揭贷款，一般是指定了合作银行的。车位分期主要是看房产商提供的哪家银行或房产商自己提供的分期，购车分期则是汽车经销商提供的银行信用卡分期或汽车生产商提供的汽车消费分期。

车位分期主要是针对业主提供的信用分期，购车分期主要是本车抵押的分期或消费贷款，只要交一定成数的首付款就可以申请车位或购车分期了。但分期一般的期限都不会太长，3～5年的期限比较常见，不会像按揭贷款那样可以20年甚至30年，这样的话，如果金额太大压力也会比较大的。根据刘彤的情况，小富的建议是：每月按时缴纳按揭贷款，同时要考虑未来3～5年的收入情况，决定是否用分期的方式来做装修、购车和买车位。

小富给刘彤算了笔账，按她所住小区周边车位的大致价格水平，以车位总价16万计，分期本金10万，分期5年，共60期，每期利率0.6%，每月供款额1700多元，这样就避免了一次性拿出16万所造成的经济压力。当然，跟账单分期一样，专项分期提前还款的话，同样是付等额的手续费的。提前规划好才会给自己省钱。

快捷方便的消费贷款——"借钱"中的救火队员

小富在银行工作的10年里，也见证了科技带来的金融变革，闪电贷、网捷贷、融e借、微捷贷等，手指点点，贷款就到账了，再不用提交各种资料，也不用来来回回跑银行了。

不少的银行打出"凭本人身份证，可申请信用贷款30万元"的口号，实际上银行可依据大家的按揭贷款记录、车贷记录，社保、公积金缴费记录，寿险保单、税单等信息直接判断你的还款能力和信用状况，这样银行可以放心地"放款"，我们也就非常方便了，贷款随用随借，资金秒到。

这是一个平常得不能再平常的工作日下午，小富办公桌上的电话又"叮——叮——"地响了起来，小富接起电话，传来的是熟悉的侯姐的声音，只听得侯姐着急地说："昨天我母亲心脏病急性发作进了医院，今天医生会诊时说要做手术，需马上交 15 万的现金，我活期账上只有 5 万元，该咋办？小富你赶快帮我想想办法，人命关天呀！"

小富一边听着，一边安慰她："侯姐不急不急！我们马上一起想想办法。"

放下电话，小富把侯姐的资产信息打开。她在小富所在银行的主要资产是理财产品、基金和保险，还办了按揭贷款。但她的理财产品是按季开放的开放式理财，不是固定期限的理财产品，没办法做质押；她的基金是股票型的基金，即便现在赎回，今天也到不了账；保单贷款一般最快也得一周时间；如果今天就要拿到钱的话，那就只有一个可能，就是看下消费贷款的额度是否够，这个额度针对按揭贷款的客户是根据还款的金额来定的，还得越多额度就会越大。想到这，小富拿起了电话："侯姐，您现在把您的手机银行 APP 打开，看一下消费贷款一栏您的额度是多少？"

小富很快收到了侯姐发过来的截屏，上面显示可借额度为 25 万。小富悬着的心落地了，他马上指导侯姐在手机银行 APP 上进行操作，几分钟后 15 万的资金就到了她的卡上。

小富长舒了一口气。

房屋抵押贷款——大额借款中的主力队员

在工作中，小富经常遇到客户问：我有住宅和商铺，能抵押贷款吗？面对这个问题，小富总想用简单的一两句话给大家说清楚，但发现这事的确不是三言两语就能搞定的。于是，邀请经常需要"借钱"做生意的客户，举办了一个"如何能顺利申请到抵押贷款"的主题沙龙。

在中国内地，凡是贷款都是"限定用途"的，要"专款专用"。一般的消费贷款，金额不能超过 30 万，对于很多做生意的人来说不太够用。很多人就可以住房来抵押贷款，这样的抵押贷款既可以用于大额的消费也可以用于经营，可以装修、旅行、留学、生病就医，也可用于进货、生产等。但不管怎么用，都得提前提供相应的证明材料。要做抵押的房产一般得是市区的全产权房，过于偏远的房子、小产权房、贷款未还完的商品房银行一般是不会受理的。商铺和别墅由于个性化比较强，一般也会"一事一议"，在确定可贷款额度方面打折也会比较大。

有些人可能会纳闷：我把房屋做抵押申请的贷款，银行为什么要管我用来干什么呢？

这实际并非某一家银行故意为之，而是国家银保监会的相关规定：严禁信贷资金违规进入资本市场（炒股）和房地产市场（炒房）。在小富看来，一方面，资金是稀缺资源，好钢用在刀刃上，资金要用于建设上去，不是让大家去搞投机。另一方面，国家要维护两个市场正常有序的发展。其实对普通贷款者来说也是一种保护，资本市场和房地产市场的风险是很高的，所以，我们还是老老实实遵守相关的规定吧。

只要有房子做抵押，是不是就可以贷款呢？那不一定。房子抵押只是一个保障措施，从内心来说，银行是非常不情愿因客户还不起钱而把客户抵押的房子拍卖掉的，因为房子拍卖的过程很麻烦，会额外耗费银行的人力成本和资金成本。所以银行会先评估客户是否有足够的还款能力，若申请消费贷款，要看下客户的收入在未来能否覆盖要还的贷款；若申请经营贷款，要评估一下企业未来的现金流能否覆盖要偿还的贷款。

那怎样才能很顺利地申请到大额的贷款资金呢？

首先，要有良好的征信记录。保持好的征信记录并非不用信用卡和贷款，而是使用的时候保持自己良好的还款记录。

其次，个人在银行的工资性收入、资金往来流水，以及社保、公积金、个人所得税的缴款记录，这些数据都可以从不同的侧面反映你的收入水平，反映你拥有可支配资金的实力。

对于有稳定收入的企事业单位的工作人员，这些记录是比较清晰的，但他们往往对贷款融资的需求比较小。一般有大额融资需求的个体工商户、小微经营者、公司个人股东等，实际年收入水平很高，但有时为了降低个人所得税的缴纳，其名下的收入有可能不是自己最真实的水平。在社保方面普遍缴纳额不高，公积金也一般都未缴纳，公司报表和企业在银行往来的资金，数据反映都有一定的水分，导致的结果就是个人抵押贷款市场需求很大，但能达到贷款申请条件的却不多。

再次，注重企业经营的数据。作为企业的经营者，要尽可能地真实反映自己的收入水平以及企业经营的利润所得。虽然这样有可能会多交一些税，但从公司的长远来看，只有这样才有可能做大做强。实际上，营改增后"偷税漏税"是很难的了，不如老老实实按规定进行纳税。

还有，加强对资金的集中管理。尽量把资金集中在一两家银行，这有利于对贷款银行的选择，也有利于提升银行对我们的认可。

专题沙龙开得比较成功，成功地解除了大家"怎么才能贷到款"的疑虑。

借款队员"齐步走"：信用卡、专项分期、快捷E贷、房屋抵押贷款

会后小富接到市场客户张老板的邀请，让小富无论如何也要抽时间帮他诊断一下抵押贷款的资料。小富在系统上查看了张老板的相关信息资料，第二天就去了张老板所在的批发市场的门店，只见张老板正在忙不停地接待前来批发粮油的客户，小富一边给张老板示意打招呼，一边让他安心接待客户，

自己就在旁边观察张老板销售、收款的情况。细心的小富发现张老板收款时，微信、支付宝、银行的扫码付都在用，如果客户提出用信用卡支付时，张老板还有另一家银行的 POS 机用于信用卡客户的刷卡收款。

小富趁张老板忙完喝水的空隙，开玩笑地说，张老板你收款的武器真多哈！客户用什么方式支付都难不住你。

张老板说，是的呀，这不为了方便客户么，我们就把各种武器全上了。进货时也是看情况，哪个账户方便就用哪一个，一个月再把各账户汇总，赚了多少心里有个数就行了。

小富说，难怪在系统里看你进出的资金量不大，原来你收款的资金布放太零散了。如果你把资金收付集中在某一家银行，银行通过系统数据，很快就能掌握你批发业务的资金量和经营情况，以后你申请有抵押的生产经营贷款就很容易审批通过了。如果有一两个年度的经营数据支撑，那就可能申请到一定额度的信用贷款。当然，也可以集中在支付宝、微信或者京东等互联网金融机构里，都有利于取得相关机构的贷款支持。

"哦，原来这样啊！之前听了你在沙龙上讲的申请贷款的一些问题，就觉得我们原来申请不到贷款，不是银行的要求高，是我们有些问题没处理好，你看，今天你一来就把问题给我们找到了，谢谢啦！"张老板恍然大悟。

第四节
别让高利贷毁了你一生：量入为出很关键

通过前面的内容相信大家都获得了很多借钱的方法，但用好"借钱"的前提条件是：得能及时还上，借钱只是解决资金的"时空问题"，不能解决"有无问题"。如果为了享受生活而无节制地借钱，那必将会背上巨大的债务压力。

在互联网平台上，有不少喜欢网购的年轻人，总是在各种网购商城上购物，卡包里的钱在不知不觉中用得很快。再就是，许多人热衷购买超过自己支付能力的手机、名牌包包等物品，怀着"先预支一点钱，以后每个月稍节约一点就把借款还了"这种念头，跑去网贷。

"借钱"本身没问题，但有些人嫌正规的银行和互联网平台的额度低、手续麻烦，就在网上找一些自称"极速放款、额度大"的非正规平台，殊不知手续越简单、放款金额越大，被欺骗、被暴力催收的风险越大。再加之对金融知识的欠缺，很多人在不经意间一笔不大的借款金额，却因利滚利而快速翻倍，最终被搞得债台高筑。

为了能吸引人贷款，很多网贷平台设置了超低借贷门槛，极尽所能地拉人借钱。诸如：不看征信，不用抵押，只需身份证，在手机上申请立即到账等诱人信息。加之，借款人总是会侥幸地想，借款金额又不大，很快还款就能轻松地解决眼下的财务窘境，殊不知螳螂在前、黄雀在后，网贷平台正等着你步入它们的虎口。

当我们进入网贷平台后，网贷公司会用模糊的表述让我们步入高利贷陷阱，大多网贷都会仅标注"日利率""月利率"来蒙蔽借款人，造成利率很低的假象。如：申请 1 万借款，每天只需支付 10 元利息，乍一听感觉很便宜，实际上利息会利滚利的；还有一些隐藏的"罚息"。即便没有罚息，日息 1‰，借 1 万元，一年就得还 4400 元复利利息，实际年利率能高达 44%，若加上罚息，利息往往会翻倍甚至翻数倍。

再就是所谓"砍头息"。网贷平台以管理费和服务费为名，扣除一部分钱，如：我们借了一月期的 1.5 万元，砍头息 30%，先扣利息 4500 元，这叫"砍头息"，我们实际到手可用的钱就只有 10500 元了。一个月借款到期后，我们得足额还够那 1.5 万元"借款"，可我们只到手了 10500 元呀，这时他们会"好心"给我们推荐再借一笔，拿来还（补齐）之前的 1.5 万元——让我们借更多的钱，进而收更多的利息。再次借的钱仍然要继续算砍头息……于是进入利滚利、拆墙补墙的循环。三个月后，从到手的 10500 元，光利息就会有接近 2.5 万元，再三个月后就接近 6 万元，不堪重负的"债山"就这样筑成了。

当我们感知到借款越滚越大，并且想快速还钱脱离困境时，不良网贷平台会想方设法先让我们还不上，如签订的协议是自动扣款，但到期了却迟迟不扣，无论是联系客服还是平台，都没有任何回应，直至眼睁睁地看着借款逾期。等到平台公司觉得算上逾期费用还款有难度时，就开始联系我们，催我们还款。

网贷平台在借款之初，就做好了贷款逾期不还的保全措施，他们会在你申请贷款时，确认借款人手机的真实性，要求对通讯录授权，通过读取你的通讯录，检测你是否有多头借贷，是否有被其他平台催收……

当我们贷款出现逾期时，网贷平台有很多种方法逼我们还钱，如 24 小时打爆我们的电话。借款人小红曾网贷逾期一天，就接到了 800 个催收电话。其实仅用短信通知、打电话也算是"温和"的了，他们会想尽一切办法逼迫我们，电话打遍我们的亲朋好友，让他们都知道我们欠了钱，毁坏我们的名声。再就是对我们进行人身攻击等。更有甚者，还会在家门口蹲守、假冒法院递传票，甚至逼迫女客户卖淫等卑劣手段。

外部环境也会给借款人带来压力，网贷逾期不还最终也会影响征信，进入征信黑名单后，会影响购房、买车、贷款等。新闻中曾报道过不少悲剧，有些人因不堪网贷公司催收重压，用跳楼自杀的方式结束了自己的生命。

随着网贷平台暴力血腥事件不断地被各种媒体曝光，人们对网贷平台有了较高的警觉，加之 P2P 网贷公司的爆雷，政府监管部门重拳管理，仍在运行的网贷平台贷款量已急剧下降，但其他渠道的高利贷仍然非常盛行。

推销电话中，贷款成了骚扰的主力。在日常生活中，几乎每个人都遭遇过陌生电话的骚扰，在各种营销诈骗内容中，推销贷款的电话越来越成为骚扰电话的主力，其原因是拨打并成功推送贷款后，电话外包公司可获得贷款金额 3% 甚至更高的收益。换句话说，贷款高利的回报是所谓金融外包公司疯狂外呼的最大动力。

小富有时也很纳闷，真有那么多人会相信陌生电话，接受推销的贷款吗？

小富认识的一个在外包公司做电话推销员的朋友就悄悄告诉他："你知道我们每天拨打多少电话吗？一个熟练的推销员，通过'AI 呼叫'，平均每 40 分钟可拨出 250 个号码，一天 2000 个电话，一个 100 人的小团队每天的拨打量在 20 万左右，在这样的覆盖量下一定有正在焦头烂额急需资金解决消费或经营困境的人。"

为了提高外呼电话的"中签率"，推销员们也接受了一整套的"话术培训"，如"熟人拜访"话术。当你流露出有贷款需求时，他们就会进一步跟进。

看到这儿的你心里可能在想，这贷款真的和银行有关系吗？实际上，可以说有也可以说没有，但给你打电话的肯定不是银行。

在 P2P 出现大面积爆雷后，许多网贷公司也开始了经营上的转型。其中最重要的是成为各家银行的助贷公司，助贷公司会将团队分成两大块，即前台电话外呼获客和后台完善资料帮助获得银行贷款。当你申请贷款提交资料后，贷款公司会根据你能提供的征信、收入、抵押和对资金到位的时间要求，确定是直接贷款，还是把资金借给你后再向银行贷款，也有可能按申请贷款的金额收取佣金后，推荐给银行贷款。但不管是以哪种形式，你都将会支付一个较高的贷款利息和佣金费用，当你还款出现问题时，也将面临网贷公司的各种暴力催收。

广播电台是高利贷款的又一推手。有车族朋友应该都有这样的体验，当你打开车载收音机，某些电台会不停地向你报送"××公司贷款低利息活动"的信息，无论是助业贷款，还是工薪贷款，或是消费贷款；无论用房屋、商铺或保单抵押，或提供工资流水，只要拨打场外热线电话，就会有公司的客户经理为你量身定制"套餐"，满足你贷款的资金需求……

真是这样吗？我们知道，"天上不会掉馅饼"。其实，我们不妨静下心来多想一想，谁会急着送钱给你又什么手续都不要？万一你还不了贷款，贷款公司会眼睁睁看着资金损失掉吗？当贷款公司收集到你有贷款需求后，公司在满足你资金需求的同时，一定也做好了高风险、高收益的资产保全安排，也一定会有强硬的催收手段来应付这类事情。即便是一些正规的贷款公司，实际的利息肯定也会比银行贷款要高得多，需要"借钱"时一定要去找正规的金融机构，切莫为了一时的方便而掉入别人的"陷阱"。

高利贷更是公司经营的致命杀手。小富的表叔李明是一个珠宝批零兼营的经销商，经过多年打拼，赚了十分丰厚的利润。不过赚了钱的李叔叔也由此信心满满，不断地扩大投资规模。然而，扩大规模带来的第一个问题，就是要加大资金的投入。刚开始在经营情况比较好的时候还能获得一部分银行贷款，随着零售网点和批发规模的进一步扩大，银行可支持的贷款空间就受到限制。

小富曾专程到李叔叔的公司给他讲谨慎经营的重要性。没想到李叔叔因对经营过度乐观，一意孤行，致使部分贵金属在价格波动的下行期出现了经营亏损。为了保证公司经营现金流不断裂，李叔叔已借了年利率20%的短期贷款。小富听后当时就给李叔叔分析并告诫，高利贷千万碰不得，如果没有60%以上的毛利润，你的经营基本属于会亏本的……小富极力劝李叔叔卖掉部分零售店铺，把借来的高利贷资金还了，再进一步压缩公司经营成本，待条件成熟时再用增资扩股的方式引进一部分不需还款的资本金。

李叔叔一听要把他一手辛辛苦苦做起来的公司转让一部分给他人，满脸不高兴地拒绝了小富的建议。结果，短期高息贷款利滚利，使得公司资金越来越紧，只能拆东墙补西墙，负债成本越来越高，最后公司不得不破产倒闭。

培养与银行贷款打交道的能力

如今互联网、电话、广播电台推销高息贷款可谓无孔不入，还有房产中介、车商等也在你需要的时候很"恰当"地告知你可以怎样方便地申请贷款资金。小富曾去过"××贷款平台"的线下门店，两层楼 4000 平方米的营业厅，一层是电话座席，一层是业务受理区和一对一洽谈室，业务受理区域人来人往，大量有贷款需求的人通过各种渠道在这里集聚，小富就想，为什么那些借款人不去银行呢？

手续简单、方便快速是借款人的共同意愿。在银行申请个人贷款时，都有一个严格的贷款审查、审批流程。银行会通过第三方评估公司评估抵押资产价值，也需要审查借贷款人的收入来源是否稳定，是否具有按时归还借款的能力，还要审查借款的用途是否合规合理。

这些核心要求肯定让人感到太麻烦了，所以很多借款人宁愿多支付利息，也不愿意为借款花时间填交资料并来来回回跑银行。

其实，对于借款额度相对较大的贷款，借款人要克服急躁情绪，银行对借款人还款能力的审查既是对银行的负责，也是通过这一评估过程确定借款人是否有匹配的还款能力，实质上也是对借款人负责。

而有些借款人因对自己未来经营实现收入能力的盲目自信，过度融资，不仅没有很好实现经营规模的扩大，反而让自己陷入债务危机之中。

因此，对 30 万以上的借款，我们不能理想化地要求银行像办理存款和支付结算一样方便快捷。也许你第一次准入手续相对烦琐，但通过后续按时还款的信用记录培养，就会和银行建立起良好的信贷合作关系。

借款用途是获得银行借款的主要难点。借款人一定是出于某种原因资金出现了缺口，才产生了借款的需求，大多数借款会用于大额的消费或者企业的经营，这些用途都可以得到银行的支持。对于一些银行不支持的用途，我们是否也应该想想，是否值得去贷款呢？

其实，银行对一定金额（一般是 30 万以下）的短期贷款是有快捷申请渠道的。如现金分期、网上 E 贷等。能申请到这些贷款，一定要具备两个前提条件：要有一定的信用卡或贷的使用与还款记录，要有一定量的资金收支流水记录，只有具备了这两个条件，申请起来才可能方便快捷。方便的前提是我们在银行有一定的数据支撑，未来银行满足这类贷款需求的能力将会越来越强。

　　作为金融消费者，要有培养良好信用记录的前瞻意识。同时，作为合规的企业经营者，还应该意识到未来随着税务管理系统的优化，合规缴税也是一个必须正视的问题，所以要逐步改变以往不如实反映经营利润、降低减少税收的想法或做法，真实反映经营收益对贷款的申请会有极大的帮助，这是企业走向合规良性发展通道的必由之路。

第 四 章

重视保险：我的风险让"别人"去买单

用 100 万存款支付 100 万医疗费，证明你很有钱；用几千元保费支付 100 万医疗费，证明你很有智慧。

——央视公益广告

中国银行保险监督管理委员会曾在央视投放了两则公益广告：

第一则是："我跟你说了50分钟保险，你用5分钟拒绝了我；医生跟你说了3分钟，却花光了你30年的积蓄。"

第二则是："当一个人躺在病榻上的时候，给你送200元的是同事，送2000元的是亲戚，送2万元的是父母。而送20万、200万的，却只有保险公司。"

疾病是人生在世常遇见的一种情况，对人们来说它就是一种生活中的风险。这种风险时有发生，甚至可以说发生概率很高，但人们却不能预知它将在什么时候发生。而当这种风险发生后，个人的损失也许会因病情而演化成很大，若一旦面临这种风险，那对大多数人而言都将是很可怕的一场灾难。

那么有没有一种办法"转嫁"这种风险损失，出现上述那种"雪中送炭"的事，给病榻上的人送20万、200万，即彼时有"第三方"为患者的风险和即将面临的损失买单呢？

有！那就是现代人生必备件之一的商业保险。

在家庭财富管理中，我们在做好现金流管理和财富保值增值的同时，还要做好一件十分重要的事——防止我们的资产"漏水"。

未来总是充满不确定性的，没有人知道灾难和明天哪个会先来。"用可以承受的成本去规避不可承受的后果"是保险的最大意义。用合理配置保险的方式去对冲掉不可预知的风险可能给家庭造成的难以承受的经济压力，用确定的开支去转嫁今后某些不可承受的风险。也许现在的你我都无法预知财富积累可以企及的高度，但通过保险配置却可以锁定生活保障的底线。

保险要真正起作用，不是存个定期、买个理财只算算收益就完了。保险的配置，得基于自身和家庭的风险情况的分析，然后才能选择合适的保险产品进行配置。不懂分析风险、不懂保险产品，让不少的人不敢买保险，甚至买错保险。

第一节
保险是骗人的吗

曾经很多人把保险当"存款"来"存"，很多人并不清楚"保险"到底在"保"啥，一旦遇到保险"不赔"或者收益不及存款时，就把保险看作终身的"仇人"：保险是骗人的。但当我们冷静下来仔细想一想：保险是骗人的吗？

"买错保险如同吃错药。"如果保险会说话，它一定会大呼冤枉！保险是以集中起来的保险费建立保险基金，用于补偿被保险人因自然灾害或意外事故所造成的损失，或人生疾病、伤害、死亡等达到合约约定条款或年龄期限时，承担给付保险责任的商业行为。

那为什么很多人不接受保险呢？保险本身不会骗人，只有"人"才会骗人。如果说我们"受骗"了，那是卖给我们保险的销售人员没有"尽职履责"，没有把我们应该买什么保险、这些保险能够起到什么样的作用给我们说清楚。例如，我们买了重疾险，感冒发烧住院那肯定是不会在被保范围之内的。

与大家对保险的"误解"相对应的，则是我国购买保险普遍的"保"得不够。在日本人均持保单为 6~7 份，而中国人均持保单为 0.2~0.3 份。我们不难看出，我们国家人口众多、保险机构众多，但人均持有的保单量却远远不足。

保险是一个相对复杂的金融产品，大家买的是一张抽象的合同。它既不像买衣服一样穿上新衣后马上就能感受到不同；也不像买一个手机后马上能感知它给生活带来的便捷。好多人往往是当风险降临时，才知道保险对自己和家庭的呵护是多么的重要。特别是重疾、医疗这类人身保险，不少人在健康的时候抱着侥幸心理，当自己和家人罹患重疾时，沉重的经济负担已向家庭袭来。若这时才想起购买保险，当然没有保险公司愿意"保"了，这时后悔已经来不及了。

……样了带来直观的体验和感知，更重要的是……购买保险还……（有没有小孩，有几个小孩，等等）、收入水平……应不同。

但这些问题在保险行业发展的初期都被忽视了。1992 年友邦保险将在西方运作多年的寿险代理人机制引入中国，并在短短的几年时间里，发挥了很好的销售带动效果，寿险市场快速增长。

但随着寿险市场销售规模不断扩张，进入保险代理销售的门槛越来越低，不管是保险代理人、保险经纪人，还是银行理财经理、互联网第三方平台，不少的保险代理人员在利益的驱使下，为了实现销售不惜夸大保障和收益的水平，让人们认为"保险不买亏了，保险少买就后悔"，完全不顾是否适合投资人。比如当投保人购买健康险时，代理人员因急于销售，有意忽略健康告知的重要性，等到投保人身体出现问题时，却因之前未被如实告知而得不到赔付。再如，当代理人夸大分红险的预期收益，吸引投保人购买，等保险到期实际收益却远远低于预期收益，投保人将不再相信保险销售人员……长此以往，导致投保人和保险机构之间因不信任产生了鸿沟。

小富有位同事方蔚，在银行驻境外的投资公司工作，也算是见过大世面的人了。那天方蔚和小富聊起投资时，觉得自己的财富还打理得不错，前些年买房赚了不少钱，买了一些固定收益类的理财产品，也没有像投资股票那样经历大起大落的折腾，属稳健型的投资者，担心下一步的理财规划，设想重点在养老方面做一些配置。小富听后就向她推荐用保险来做养老规划。谁知话音刚落，方蔚就打住了小富的话题，还对小富说，"我真心地告诉你，我从骨子里不接受保险"。小富本还想劝两句，看到方蔚已流露出对他不信任的眼神，就不好再说下去了。小富心想，要再多说几句说不定她会怀疑我是在向她推销保险拿佣金了。

以往的这种情形，让保险代理人制度隐隐有一种恶性循环的态势。一些低素质的销售人员让行业的形象变差，而差的行业形象又让业务发展更难推动。当然，历史总是向前发展的。现在国内的保险机构也痛定思痛，看到了因销售"短视"带来的不可持续发展，纷纷在探索保险业未来的发展转型：在产品的开发上由主打理财类转向保障类与理财类并行，开始尝试专属独立的保险代理人模式，部分保险公司不惜开出很好的条件吸纳高素质人才，努力提高行业执业水平。中国作为一个人口大国，随着普通大众保险意识的增强，保险行业也应该承担应有的社会责任。

对保险认识的常见误区

误区1：等有钱了再买保险。保险这一金融产品存在的意义就在于用来对冲个人和家庭意外遭遇的无法预计和无法承受的各种风险。不过由于这种风险发生的概率通常是非常低的，很多人就会带着侥幸在想："哪有那么多的风险？我什么保险没买，不也好好的吗……还是先把房子和车子买了再说。"

其实，在第二章讲到的标准普尔家庭资产配置模型的四个账户里，除了排第一的"要用的钱"，第二个就是"保命的钱"——这是一笔以小博大的钱，即用小的开支去购买人身保险，防止家庭突发事件所需大额开支。现实中没有配置保险的家庭，往往不是因为钱不够多，而是因为对保险配置的必要性和紧迫性的认识不到位。通常那些处于财富金字塔顶端的人出现突发风险时，当然有经济实力来抵御风险，但他们毕竟是少数，花尽量少的钱保障家庭有可能出现的大额支付风险，则是每一个已经解决了"温饱"的普通家庭都要考虑的问题。

误区2：等到年龄大了再去买保险。很多人觉得在年轻的时候很少生病，去买医疗保险和重疾险"不划算"，就想等到年龄大一些时再买。实际上，很多保险不是我们想买就能买得到的。当我们步入中年甚至老年，身体已经

保险要想买但已经买不到了。即便

是身体没有状况，一般的

是购险价格会贵。如果早配置，可以少缴先缴。

经济宽裕时应补充增加商业保险。如果我们的父母没有保险意识，那么当我们有一定经济收入时，就要开始为自己买保险。

误区3：买保险比收益。在保险的大家族里，既有保障型保险，也有理财型保险。从2000年银行代理销售保险以来，投保人除通过保险代理人、经纪人购买保险外，各家银行也成了大家购买保险的重要渠道。由于理财类保险对保险专业性要求不高，保险机构能在较短的时间内获得大量低成本资金。因此，在很长一段时间里，我国保险市场虽然保费规模大，但真正为了解决疾病或死亡风险的保费占比却很低，这也让大家错误地认为"买保险要比哪家定期收益高"。实际上，保险的本质是提供保障，我们在保险的筹划方案里，保险真正的独到之处在于转移我们生老病死带来的财务风险以及家族财产的保全。在家庭财富的保值增值手段中，保险的理财功能应该与理财产品、基金等其他理财类产品对比来看。

这天，小富的客户王姐听说保险的收益高，就打电话咨询小富。小富在了解了王姐的情况后，建议王姐先配置保障型的保险。王姐反倒有点纠结了：那我买了人身健康险，万一没有发生风险事故，岂不是白买了？

王姐的这种想法，其实很多人都有。我们既想预防风险，又想万一风险

未发生，那是否可以把本金返还给我们。购买金融产品不像购买普通商品，人们一般很难接受把本金消费掉的事实。若花钱买了空调，人们能够享受到空调带来的凉爽舒适，而若购买了人身健康保险却没有发生风险事故，就好像什么都没得到似的……

"出事要赔付，不出事还本金"，这样两全其美的事显然有点天方夜谭，不过，现在不少的保险机构为了迎合大家的这种想法，也推出了不少保费返还型保险，以"有病赔钱，无病返本"作为卖点。但如果我们将返本和非返本两种保险的保费做比较，就会发现同样保额的保险，返本型保险的保费会高出很多。从保险精算的角度来看，实际上，返本型保险就相当于用返本型保险资金每年的"利息"缴纳了保费，但是购买时大家心理感受完全不同。

同时，对于保险是否选择返本，也要看我们的家庭收入水平。当家庭资金有限时，我们应该尽可能用较少的钱购买较高的保额，最大限度地覆盖有可能发生的风险，就要优先选择非返本型保险。如果家庭资金宽余，就可以选择需要资金量较大的返本型保险。

误区4：保险理赔难。大家或许有这种印象，保险代理人在保险产品的销售过程中，针对我们对保险消费的需求，似乎是"购买时啥都可以承诺，理赔时却百般刁难、困难重重"，在这样的"口碑"传播下，许多本来有投保意愿的人对保险也知难而退、望而却步了。

那么，到底问题出在哪里呢？

实际上，保险机构的设立，无论是注册资本、股东资质，还是经营规模、业务范围，都是有极其严格的准入规定。而且设立后，监管部门也会动态地对其偿付能力和各项业务的合规运行进行监管，以尽力保障广大消费者的利益。

从《中华人民共和国保险法》（以下简称《保险法》）的规定中我们也可解读到，当保险公司资不抵债时，将会面临破产。但《保险法》又规定，其持有的人寿保险合同及责任准备金，必须转让给其他经营有人寿保险业务的保险公司；如不能同其他保险公司达成协议的，则由保险监管机构指定有经营人寿保险业务的保险公司接受转让。

我们不难看出，不管以哪种形式接手，保险监管机构都要保障投保人的保单后续有效，能够理赔。

既然保险公司是值得信任的，但为什么会出现保险公司"拒赔"的情况呢？

上富堂姐郑晓晓与保险公司销售员周某某是邻居，每天抬头不见低头见，

为两岁的女儿买了一款儿童保险，也有了较行业（…………
利等，保险的保障金额近 280 万元。

有天，郑晓晓的女儿不幸从二楼的楼梯上滚了下去，经抢救虽保住了性命但伤势严重。为了救治女儿，郑晓晓面临巨额的医疗费用。这时郑晓晓想到曾给女儿买了保险，就拿着保单去找周某某。

周某某看了看保单，发现当初推荐的综合保险并未包含意外医疗，心里知道赔付会有问题，但还是硬着头皮说"要回公司问问，看能否赔付"。

后来周某某回话说公司的答复是：这次出事属意外医疗责任，不在所购买的儿童保险的责任范围内，因此保险公司不能赔付。

相信不少的人都有这样的经历，保险买了不少，但未能起作用，一旦出了风险却无法得到补偿，这就会给大家留下保险理赔难的"难忘记忆"。实际上，保险产品本质是一项合同，对于要保障的范围会进行明确规定，保险本身是制式的合同，具体到每个险种又会进行细分，不可能涵盖我们面临的所有的风险，是否赔付完全要依合同的约定。在很多人的眼里，"只要是癌症，就是重大疾病"，但实际上原位癌（早期形式）并不属于"重大疾病的范畴"，很多重大疾病保险对于这项不会赔付……对于我们大多数人来说，保险合同的内容很难理解透，最可靠的方式是找个真正的专业人士，能够比较仔细地了解我们的情况，给我们合理化的建议，同时能够用我们听得懂的语言解释清楚。既然保险只是帮我们规避一部分风险，而不是全部的风险，

我们在配置保险时也一般只需根据自己风险较大的方向重点去"保"，无法平齐所有的保险类别。

另外，投保人和正规医院的门诊、体检、住院记录，保险公司都是有权查询的，如果配置健康、医疗相关的保险时，我们没有如实告知健康情况，也可能会被保险公司拒赔。

第二节
哪些保险能够真正救命

保险筹划是因人、因家庭而异的，保险作为整个家庭财富中抵御风险的一个单元，既不是有保险就行，也并非保单越多越好。保险的配置是个技术活：不仅需要选择那些我们最需要的，还需要根据家庭结构、收入和保险产品的变化而做相应的调整。

好钢得用在刀刃上，我们就一块来看看哪些保险才能够真正救命吧。

年轻人的必备保险

人年轻的时候总是乐观的，总觉得"拥有青春就拥有未来"，所以年轻人多会选择大无畏的向前冲，往往忽略了风险。

当我们拥有了第一份工作，我们成为一个有经济收入的个体时，我们就开启了独立有价值、有责任的人生。财务的规划就需要及时跟上了。

正规企事业单位一般都会为员工购买"五险一金"和部分商业保险，我们刚入职的时候要咨询人事部门，对此做一定的了解，公司单位已经买了的我们就不必再重复买，我们可以根据需要自己补充一些商业保险。养老保险、医疗保险、失业保险、工伤保险和生育保险即"五险"，其中，养老保险、医疗保险和失业保险由企业和个人按一定的比例共同缴纳，而工伤保险、失业保险由单位负责缴纳。这是由国家通过强制性法律规定的，为员工提供的生活、医疗、养老的基础保障。

如果我们一开始就选择自主创业或做一个自由职业者，那一定要记得到当地的社保服务点或社保局为自己缴纳养老金和医疗保险，从而享受相应的社保基本保障。

除了"五险一金"，有些企事业单位还可能为员工购买一些商业保险，这就要看所在公司单位的具体情况了。

企业年金/职业年金：如果一个企业实力不错，特别是管理规范的大型企业，还有可能为企业职工在依法参加了以上基本养老保险后，又建立补充养老保险制度（机关事业单位又叫职业年金）。企业年金重在通过提高员工退休后的生活质量，来增加员工履职时的归属感、主人感，从而增强对企业的向心力和凝聚力。

企业团体保险：一个企业还可能以单位作为承保对象，以保险公司和企业作为双方当事人，用一张保单订立合同，为员工集体投保。这种投保的团险一般包含了定期寿险、意外险、重大疾病险及医疗险，帮助员工抵御因意外、生病、死亡带来的风险并获得约定的经济补偿。

这些是我们工作的企事业单位可能配置的保险，如果要离职，一定要记得落实好上述保障制度的解决方案，特别是团险，离职就不再享受团险的保障。

每年的7月，小富所在银行里都会有新入职的员工。这天，小富和新员工张晓蕊、王博在一起正讨论客户管理心得，聊着聊着就聊到了客户的保险筹划。小富忽然抬头略有所思地问他俩："你们考虑过给自己买保险吗？"

两个小伙伴把脑袋摇得像拨浪鼓，有些羞涩地说没有。

王博说："我们不是有社保吗？再说我们刚工作，工资又不高，还属于

'月光族'！"

小%&%之前可以体%&%%%%保险可趁早，但%情%&%&%，
也不知道该怎么买。

为啥要说买保险趁早？那是因为保障类保险，除意外险之外，投保的责任主体大多和被保人的生命体征有关。一般情况下人越年轻，患重病的概率就越小，所以同样的保障，年龄越小所需的费用也就越少。

王博连连点头："就是就是，我平常连医院都很少去的，哪还需要买什么保险？"

小富笑笑接着说："平时生病少是好事，但并不能排除可能会生病的风险对吧，谁敢保证自己永远健康？所以未雨绸缪还是有必要的，若尽早考虑，就可以用较少的投保费用覆盖可能发生的风险。并且，现在投保的寿险多是长期甚至终身保障的，开始投保的年龄小，享受保障的时间就越长，而且保费也会更便宜。随着通胀，保险公司的保费也在水涨船高……嘿嘿！我这样说，够清楚了吧？"

张晓蕊和王博都点头。张晓蕊说："小富哥，你说的道理我们都是明白的，可我们才工作，收入也不高，我们该怎样去买保险啊？买什么更现实呢？"

小富说："这个问题提得很好，才工作的年轻人收入虽然不高，但从现在开始，我们就是有经济价值的人了，用自己挣的钱为自己可能出现的风险买单，事实上也是为父母分担面对风险的压力，对吧？商业保险方面的安排和筹划，要考虑风险轻重缓急的顺序。"

人身意外险：每个人都有可能遭遇意外风险，如在参与打球、爬山、乘车、乘船、坐飞机等户外活动时。人身意外险就是为了应对"万一"的意外而设的。不过，毕竟重大意外风险特别是身故风险的发生概率相对较低，因而保费低、流程简单，具有典型的以小博大的特点，是各年龄层人群可以第一投保覆盖的风险。

人身意外险在投保的时候需要注意所购买的保险是否包含了身故、伤残、

医疗三大责任。相对而言，意外受伤比意外身故的概率要大很多。当意外受伤时，医疗费用的补偿是最直接需要考虑的。因此，不能简单地认为一年花费 50 元买到的 100 万意外身故保障足够了，最好再补充一个 5 万元的意外医疗，这样更妥善。

⋯⋯⋯⋯期⋯⋯般为⋯⋯年⋯⋯属消费型保险。投保人除了记得每年续保外，还需注意⋯⋯⋯⋯⋯⋯⋯⋯⋯⋯⋯⋯⋯赔付 100
力，投保人品花费的保费无的⋯几十元⋯⋯⋯⋯⋯⋯⋯
说是没有太大支付压力的，是真正"小成本解决大问题"的险种。

意外保险费率表

保险种类	保障内容	费用
高额意外险	身故保险责任 100 万 残疾保险责任 100 万	750 元
意外保险女性专属	意外伤害身故、伤残 100 万 猝死 50 万 公共交通意外 500 万	340 元 （30 岁女性）
个人综合意外险	意外伤害身故、残疾、烫烧伤 10 万 航空意外伤害身故、残疾 20 万 交通工具意外伤害、残疾 10 万 驾乘人员意外伤害身故、残疾 10 万 意外医疗费用补偿（100% 赔付，不限社保用药）	140 元
驾乘意外险	意外身故、伤残 50 万 意外门诊/住院 5 万 （7 座以下非运营驾驶人及乘客）	130 元

注：不同产品，价格有差异；同一产品，价格有可能会因年龄、附加险有差异，产品保障需参见保险条款。

人身意外险是从人一出生就有可能发生的无法预料的风险，正因为不可预见，所以这是我们每个人必须要考虑覆盖的风险。有人曾说"人对保险的需要，就像人对空气和水的需要一样"，这个比喻用来说人身意外险是最贴切不过的了。我们除需要了解人身意外险配置的重要性而外，还需要把意外险的保障范畴弄清楚。属于意外险范畴的是：外来的、突发的、非本意的、非疾病的使身体受伤害事件。而自然死亡、疾病身故、猝死、自杀、自伤等都不属于意外。这里特别要强调的是"猝死"，很容易让人觉得属于意外。其实，它应该是疾病的范畴，如果投保人要考虑"猝死"的风险覆盖，可以选择包含"猝死"责任的人身意外险。再就是高空作业、高风险运动等，也不属于普通人身意外险的投保范畴，需要购买特定的意外险，换句话说，这些特殊行业和项目需要缴更高的保费来保障有可能发生的意外。

重大疾病险和商业医疗险："人吃五谷生百病"，谁也不能预知疾病什么时候会来，因此买保险预先覆盖这一风险也是非常必要的。重大疾病和商业医疗保险主要是抵御身体出现重大问题时的一道保障。一般的小病小痛，我们可以通过基本医保解决。如遇重大疾病，住院医疗费用会急剧增加，如没有商业保险助力，很多处于中产阶级的家庭可能会面临因病致贫的窘境。

重大疾病和商业医疗险都属健康险，但二者是有区别的。重疾险属于给付型产品。当被保险人罹患的重大疾病属于合同约定的保险责任时，保险公司就得按投保额进行一次性赔付。如果我们投保的保额是 50 万，当我们确诊罹患保监会设定的 25 种重大疾病时，保险公司会立马将赔付的 50 万现金打到投保时预留的银行卡上，可用于疾病所需的治疗、康复等，补充缓解因康复休养致使收入中断带来的经济压力。为了满足该类投保人希望得到的更多保障需求，保险公司还在重疾险产品里增加了身故、轻症、中症、多次赔付以及投保人豁免等责任条款。

商业医疗险属于报销型产品，是由被保险人先行垫付、过后凭医院发票报销，是对社保的一个很好补充，主要用于解决社保不能报销的起付线内的费用，以及进口药、自费药、ICU 病房费及超过报销额度的费用。我们经常看到某保险公司的百万医疗险，这其实说的是医疗报销的"额度"最高可以达到 100 万元，而不是生病就可以获得 100 万元的赔付。

重大疾病险主要覆盖罹患重大疾病的风险，因此选择的重点是保额要足够大，一般可考虑覆盖投保人 3~5 年的收入；对是否有身故责任、轻症重症多次赔付、投保人豁免等，都是其次的考虑。

重疾险分为返还型和消费型两种。如果条件允许，购买储蓄返还型可实现保障期终身和保费返还；如果资金有限，可选择定期消费型，保障期限可以是10~30年，这样可以用较少的保费获得较高的保额，等以后收入更多了，再买一份返还型重疾，解决投保到期后因身体体征的变化而不能实现投保的风险。毕竟，保险的配置本来就是一个不断补充完善的过程。

重大疾病险费率

（举例：男性，投保30万，30年缴费，保障终身）

保险种类	保障内容		年龄	保费
保障范围广的重疾	重大疾病（110种） 额外重大疾病 轻症保险金（40种） 中症保险金（25种） 身故、高残、终末期 轻中重保费豁免保费 恶性肿瘤多次赔付	分组100%保额6次 20%保额 30%，35%，40%保额3次 50%保额2次 100%保额 额外2次保额	20岁	4044
			22岁	4329
			24岁	4644
			26岁	4989
			28岁	5370
			30岁	5793
			32岁	6258
价格较低的重疾	重大疾病（100种） 中症保险金（20种） 轻症保险金（35种） 轻症，中症豁免保费 身故或全残保险金	100%保额1次 50%保额1次 30%保额1次 （不选仅全额返还保费， 但每年保费更便宜）	20岁	2527
			22岁	2726
			24岁	2946
			26岁	3189
			28岁	3462
			30岁	3763
			32岁	4101
定期消费型重疾，保障至70周岁，无返还	重大疾病（108种） 轻症保险金（35种） 中症保险金（20种） 身故保险金	100%保额1次 30%保额3次 50%保额2次 （不选仅全额返还保费， 但每年保费更便宜）	20岁	1476
			22岁	1581
			24岁	1692
			26岁	1812
			28岁	1941
			30岁	2085
			32岁	2247

注：不同产品，价格有差异；同一产品，价格有可能会因年龄、附加险有差异，产品保障需参见保险条款。

投保的缴费期，在几个时间档次里，如果缴费期限长，缴纳的总保费金额就高，如果缴费期限短，每次要支付的金额就比较大，这实际隐含了"货币的时间价值"在里面，可以根据自己的财务状况进行选择。如果考虑到"保费豁免"的可能，或许缴费期限长的更有优势一些。

商业医疗险属消费型保险，与重疾险不同，重疾险保费是恒定的，而医疗险费用则会随被保人年龄增长而上调。保险公司也会不定期地根据医疗费用和理赔数据的变化，调整产品及定价。

医疗险的保障期为一年，需要连续投保。因此，作为短期消费型的医疗险是否能连续投保，是选择产品时需要重点考虑的条款。如果选择连续投保的医疗险，在生病报销医疗费用后的第二年仍然可继续购买此款医疗险并拥有其保障。

商业医疗险费率表

(举例：男性，有社保购买，免赔额均为 1 万)

保险种类	保障内容	年龄	价格
非保证续保	一般医疗 300 万 重大疾病医疗 300 万 法律费用 6000 医疗垫付，重疾绿色通道服务 肿瘤特药服务，术后家庭护理服务 可附加家庭共享免赔，指定疾病及手术特许医疗最高 600 万，质子重离子医疗 100 万等	20	186
		22	246
		24	246
		26	306
		28	306
		30	306
		32	396
保证续保 6 年	一般医疗 200 万 恶行肿瘤医疗保险金 200 万 恶性肿瘤津贴保险金 1 万 恶性肿瘤豁免保险费	20	219
		22	296
		24	296
		26	366
		28	366
		30	366
		32	468

注：不同产品，价格有差异；同一产品，价格有可能会因年龄、附加险有差异，产品保障需参见保险条款。

医疗险还分为门诊医疗保险和住院医疗保险。从解决大额医疗开支的角度，我们可以只选择住院医疗保险。

定期寿险：用人身意外险对冲生活中有可能遭遇的意外，用重疾险和医疗险对冲疾病、特别是重大疾病带来的风险。除此之外，还需要考虑定期寿险来对冲人生中最大的风险——"一段时间"内可能出现的身故。定期寿险除了保障身故，还把全残视作与身故同等责任。

那为什么是"一段时间"内的身故风险呢？这就要从定期寿险与终身寿险的比较，来看选择定期寿险的理由了。

定期寿险约定的是"一段时间"内是否身故。如果是在约定期内，保险公司就会赔付给受益人。如保险期届满投保人仍未身故，保险公司就终止合同并结束给付的义务，这种不返本约定的定期寿险，属于消费型保险。

终身寿险则没有约定期限，无论什么时候身故，保险公司都有给付的义务，终身寿险属返还型保险。

定期寿险保费低，在约定期限里如果出现身故可获得较大赔付保障，具有较大的杠杆作用，更适合做年轻人的保险配置。而终身寿险则具有储蓄增值的功能，可作为财富传承的手段，合理避税。

定期寿险费率表

(举例：男性购买定期寿险，30 年缴费，保额 100 万，无返还)

	保障至 60 岁	保障至 70 岁	保障至 80 岁
20	1120	2000	3550
22	1160	2110	3770
24	1200	2220	4000
26	1240	2340	4240
28	1280	2460	4510
30	1330	2590	4790
32		2730	5090

注：不同产品，价格有差异；同一产品，价格有可能会因年龄、附加险有差异，产品保障需参见保险条款。

那应该购买多少保额才合适呢

一般来说，定期寿险是被保险人对家庭的一种责任。"站着是印钞机，躺下是一堆钱"，说的就是定期寿险对家庭的责任。定期寿险保额的确定，一般也是依据被保险人肩上应承担的责任，主要包括：个人及家庭的基本生活开支费用（5~10年）；个人及家庭的主要债务额度，如房贷、车贷等借款费用；赡养父母的费用（按父母年龄的上线平均匡算到85岁），将这些费用加总就是投保的保额。换句话说，当不幸出现身故意外时，事主和事主的家庭生活才不会受到很大的经济重创。

小富有个在深圳工作的朋友，经常出差，全国到处跑，看望父母的时间特别少，她买了很高的意外险、定期寿险，受益人为自己的父母，自己万一出现意外，父母也不会"老无所依"，这也算是为父母尽一份孝心。

定期寿险的保障期是从个人经济价值和承担家庭责任的大小来确定的，一般定到60岁的年龄比较合适，60岁退休后，随着收入水平的降低，其家庭责任和负担也开始变小。至于缴费的期限，仍遵循时间越长年缴费越低的原则。

对入职时间不长的年轻人来说，开初要立足于基础中的基础，但保障的筹划仍需是全方位的。其中必备的保险为社保（基础养老＋基础医疗）＋人身意外险（身故、伤残、医疗）＋重大疾病险（消费型重疾险）＋商业医疗保险（住院医疗险）＋定期寿险（适合自己风险责任的保额）。如果资金方面还欠充实，那就可以精简为社保＋意外＋商业医疗保险。

客观地说，刚入职的年轻人收入不高，面对的责任也相对小，若这个时候考虑投保，性价比倒是最高的。大家可以一方面学会如何选择保险，保障人生起步阶段的风险责任，同时也在生活历练过程中学会用人身保险来保障自己和家人的生活。

中年人的必备保险

人到中年，家庭及事业负担更大。许多人步入"上有老、下有小"的阶段，说中年人是"家庭的顶梁柱"也是十分妥帖的，而这时许多人的收入也大致处在相对上升的水平。

30～35岁的年龄阶段是配置保险的黄金期，因为重大疾病险和寿险的缴费时间一般多为20年和30年，如果选择30年缴费，30岁开始投保，缴费期满时也到了退休年龄60岁了。应该尽量争取在退休前完成保险缴纳费用，让今后的退休生活变得更加轻松和简单。

人到中年："家庭顶梁柱"配置保险的黄金期

时间过得真快，转眼又到了秋天，小富所在银行组织员工秋游。大家爬完山，坐在一起聊天，话题又扯到保险。部门经理张亮说："7月份的时候，我听小富给新入行的年轻人讲过保险，几个小朋友还真的把保险都配齐了。小富，你今天就顺便也给我们这些中年人讲讲，该怎样安排保险的事情吧！"

实际上，人到中年配置好保险本来就是件十分重要的事。无论大家过去是否买过保险，也无论大家收入水平有多大的差异，要从"买保险就是买保障"的角度对整个家庭进行配置。

重点保障类保险的配置、续保和补充

说到保险的配置，大家七嘴八舌地说开了。有人曾买了某某保险业务员推荐的防癌险，也有人给小孩买了少儿保险，还有人买了重大疾病险，买了理财分红险……

目前中国许多配置了保险的家庭，大多数人买得比较随意，几乎没做一个比较全面的保险规划。

从必备保险的角度来看，中年人应配的保险仍然是人身意外险、重大疾病险、商业医疗险和定期寿险。不管我们以前买没买过保险，从"战略"角度考虑，其实都可根据自己的实际情况将这四类保险购置齐。此外，就是每年可做一次梳理检查的功课，根据现在市面新推出的产品，从下面几个方面着手做续保和额度补充：

意外险和医疗险的保障期通常为一年，只要买了，接下来要记得坚持续保。

意外险的产品很多，投保也方便，可以通过互联网查询、比价后直接购买，也可咨询比较可靠的保险顾问，在他的指导推荐下选择购买。当然，将线上查询和线下咨询结合起来，应该是投保最稳妥的方法了。这里特别提醒：购买意外险仍需牢记的是，要全面覆盖身故、伤残、医疗三大责任。

商业医疗险因存在健康告知的问题，因此我们在购买医疗险时，要确认保险公司是否接受连续投保，这是十分值得重视的问题。如购买的医疗险是接受连续投保的，那即使我们身体出现过问题，也得到了保险公司的理赔，以后保险公司仍会接受我们连续投保。所以，在商业医疗险投保前，对保险公司及其提供的产品的了解和选择非常重要，否则我们将会面临不能连续投保或因自身健康状况发生变化而被调整投保费率的风险。

重大疾病险是避免因生大病而让家庭遭受重创的一个十分重要的产品。如在年轻时因为资金开支计划的有限，配置了一份消费型的重疾险或者一份保终身返还型的重疾险，现在人到中年，收入也有了一定程度的增加，那就

应抓紧补充保额并将保障期延长到终身，只有这样才能从容地应对可能发生的疾病风险。

定期寿险是"家庭顶梁柱"的标配。我们已有了另一半，组建了家庭，还有了 1 至 2 个小孩，显然定期寿险的投保额就出现一个较大的缺口，这时就不仅要考虑增加本人的定期寿险，还建议给配偶增加定期寿险的配置。

将定期寿险投保的时间延长为终身，即终身寿险。因我们每个人终究会离开这个世界，保险公司也一定会有赔付的。不过终身寿险的保费会比较高，属升级类保险。如果我们赚钱的能力很强，中年时期就步入了中产阶层，那我们就可根据整个资金的计划安排购置终身寿险，实现对资产的保护与传承。

增加养老年金保险

对于中年人来说，除了和年轻人一样重点配置人身意外险、商业医疗险、重大疾病险、定期寿险外，养老年金也是需要考虑购买的。

养老保险是以被保险人生存为条件，一次或按期交付保险金的一种保险。该保险是通过合同约定未来某个时间（退休后），被保险人每年或每月按照一定金额领取的，用于抵御生存时间长，在年老时遭遇的风险。

养老年金是社保养老金的一种补充，可以保障和提升退休后的生活质量，其交付的保费由保险机构通过投资营运，让投保人享受复利带来的收益，具有投资和保险的双重功能。

说到投资，可能有人就会想，我自己就有很强的投资能力，不需要找保险公司投保吧！其实这样想也不无道理，但通过投保让自己强制储蓄，按照养老的需求设计资金的缴费和领取，是一个十分稳妥的筹划。更重要的是，保险机构是有保险保障基金做后盾的呀，这就让养老年金可以做到投资保本，收益稳定，专款专用。

我们说养老年金是值得购买的，但也应该注意到，保险产品也有优劣之分，在买的时候要注意"货比三家"，立足投保养老的初心，在选择产品时，也要根据自己的情况进行合理规划。

养老年金是用来"养老的"？那领取年金的时间一定确定在退休后才能领。养老年金是用来保障年老时的生活质量？那一定要保终身，实现"活多久，领多久"。万一缴完年金，人没活太久，怎么办？受益人可比较退还保费或保费的现金价值谁高，谁高选谁。万一家庭遇到更难的事急需用钱，第一考虑是否可以抵押贷款，第二考虑是否可以退保，并比较相关退保的规定是否有损失，可否部分退保。

如果满足了上述条件，最后我们需要比较的就是养老年金可以领取的价格谁优，谁优选谁。

投保是一件需要提早规划的事情，中年时期就要开始为养老做准备，可以让未来的生活更加从容。

养老年金现金价值

养老年金现金价值表

(举例：30岁男性，每年缴纳1万，缴费期10年)

缴费期	周岁	现金价值	不同年龄全额退保可得到的现金及对应的内部收益率
1	30	0	
2	31	1975	
3	32	4700	
4	33	7675	
5	34	10919	
6	35	14423	
7	36	27076	
8	37	43696	
9	38	64578	
10	39	90029	
	40	120366	
	41	125211	
	42	130251	
	43	135493	

续表

缴费期	周岁	现金价值	不同年龄全额退保可得到的现金及对应的内部收益率
	44	140946	
	45	146619	
	46	152520	
	47	158659	
	48	165045	48 岁全额退保，可得 165045 元，内部回报率 3.7358%
	49	171687	
	50	178597	
	51	185785	
	52	193263	
	53	201041	
	54	209133	54 岁全额退保，可得 209133 元，内部回报率 3.8227%
	55	217549	
	56	226305	
	57	235413	
	58	244888	
	59	254744	
	60	264996	60 岁全额退保，可得 264996 元，内部回报率 3.8687%

怎样给家人买保险

人到中年，一般的家庭构成是：父母、夫妻、孩子。在完成家庭中经济主力的保险配置后，我们还要全力把孩子的健康险配好，并帮助老年人尽力买到保险，以提高全家人抵御风险的能力，降低风险性财务的支出。

小孩在成长的过程中主要面临的风险是疾病或意外。在给孩子买商业保险之前，首先是给孩子买国家提供的少儿医保，这是政府提出的一项政策性福利，和社保提供的基础医疗险一样，缴费便宜，可保障因生病所花费的门诊和住院的费用。虽然少儿医保规定有起付线以及报销比例和赔付的上限，但少儿医保一定是每个家庭的首选。它不仅能降低小孩生病住院的费用，而且有了医保再购买商业医疗险，价格将更优惠。

虽然小孩罹患重疾的概率不高，但为了防止这个"万一"，我们应该优先考虑为孩子购买重大疾病险和住院医疗险。因为孩子一旦患上重疾，就需要一个长期的治疗过程。在投保资金宽裕的情况下，尽力做到保额充足、保障期长和多次赔付。这样能确保弥补孩子生病期间的大额治疗费用和家长因陪护孩子的治疗而收入中断的损失以及后续的康复费用。

儿童重大疾病、医疗险的费率表

（举例：男孩，缴费期30年，购买50万保额重疾保障至终身，
以及有少儿医保的情况下1年期医疗保险）

年龄	重疾	医疗
0	1995	766
2	2130	766
4	2275	766
6	2440	266
8	2615	266
10	2805	266
12	3010	146
14	3235	146

注：不同产品，价格有差异；同一产品，价格有可能会因年龄、附加险有差异，产品保障需参见保险条款。

在孩子的成长过程中，因摔伤、跌倒而受伤是时有发生的事情，还有其他一些不可控的，如交通事故或坠落等大的意外伤害或身故风险，这是在不同年龄层都可能遇到的，孩子也可能遇上。所以，孩子的人身意外险是要配置的，但由于孩子没有家庭经济责任，国家对儿童身故也有保额限制，所以意外身故的保额不要太高，更值得重视的是意外医疗的保额是否足够充分，报销范围是否包含社保目录以外的药品。

小孩需购买的重大疾病、住院医疗险、意外险在上面都说清楚了，但各保险公司推出的产品，通常是将教育年金、分红险、重疾险、医疗险打包在一起，有些家庭保险倒买了不少，真正起作用的意外险却被忽略而不在投保的责任范围内。将定期寿险或终身寿险、健康险、意外险打包在一起，表面上看好似什么风险都覆盖到了，但实际效果却百密一疏：一个家庭的孩子万一遭遇身故的不幸，是再多的寿险赔付都解决不了的。况且由于寿险对投保资金的占用，还可能会降低重疾险和住院医疗险的资金安排。保险产品的选择，要把握有的放矢的原则。孩子保险的重点是重疾险、医疗险和意外险中的意外医疗。当然，给孩子最好的保障是父母自己配置好保险，若父母对可能发生的风险应对充分，孩子才能安全无忧地成长。

为父母尽力买保险，这是件很棘手的事。由于过去生活历史背景所致，我们的父母大多数保险的保障配置都不全面或不充足，眼下想买保险却遇到想买买不了的问题，即使买到了也是低保额、低杠杆的产品。权衡过后似乎又觉得"不划算"，最后往往是放弃。因此现在家庭中普遍存在的是：孩子的保险都买得很多，而身体健康每况愈下的父母，保险却买得很少。

父母们经历了青年的打拼和中年的搏击，已完成了家庭建立、生儿育女和职场履职，他们已逐渐退出家庭经济支撑的位置，子女们成家后离开父母，各自担当起了小家庭的主力。那么这时，应该重点帮父母考虑生病或意外的风险，故主要应考虑配置的是意外险、重疾险和医疗险。

给老年人可以考虑先购买意外险。该险种相对于重疾险和医疗险是最没有难度的，但一定记得每年都帮他们买上。因退休后的父母时间多了，喜欢约上朋友到处看看走走，买了意外保险，可以最大程度覆盖意外带来的身故或受伤的风险责任。特别是境外旅行，出门前按出行时间配上几十元至上百元的意外险，在境外遇到什么问题，境外就医就有了保障。在为父母选择意外险时，可重点注意那些意外医疗报销不限制社保范围的产品，以确保自费药、进口药都能够报销。

那该怎样给父母建议或购买重疾险和医疗险呢？给父母配置保险，首先考虑的是年龄问题，年龄越大，可以考虑的保险就越少了。好在现在的保险机构也意识到这部分人对保险的需求，很多健康类的保险放得越来越宽，可以尽量去找适合父母投保年龄的产品。其次是投保的保费高，保额低，甚至会出现"保费倒挂"，也就是累计所交的保费和可能得到的保额相比差不多，所得到的年化复利还比不上银行理财的收益。但想想老年人得病的概率，只要父母身体能够通过健康告知，还是可以买的，因为我们确实不能预知疾病哪一天会到来。万一投保时间不长就遭遇风险了呢，那不是很快就得到了一笔现金补偿？

如果父母身体已出现一些状况，如已患高血压、糖尿病等，这种情况可能就和重疾险无缘了，但还可以配置给付型的防癌险。由于防癌险健康告知相对宽松，投保价格也比重疾险便宜，可以作为父母不能购买重疾险后的一种替代。

再就是医疗险，也需带着"尽力去争取"的心态，去投保百万医疗险。如果健康被告知有问题，那就可以尝试智能核保，如果还不行也可改配防癌医疗险，来保障因癌症产生的医疗费用。在选择医疗险时，重点应关注续保条款中是否有重新健康告知、个人身体情况变化或理赔后不再续保的要求，以确保购买医疗险后能一直连续获得医疗险的保障，直到 80 岁不能投保为止。

第三节
保险对"人"的关系的讲究

在保险筹划中，我们一方面要弄清楚怎样有重点地、合理地配置个人和家庭成员保险，另一方面在购买保险时，还需做好保险中"人"的关系设置，只有把"人"的关系和归属设置正确了，购买的保险才能真正直达你想要的保障目的。

银行、证券等金融产品是实名制下的记名单据，存款、理财、基金、股票在谁名下，所有权就归谁。但保险因其制度设置的需要，将在产品中设置投保人、被保人、受益人，且受益人还可以为多个，相比其他金融产品，

"人"的关系更为复杂。

我们现在来看看《保险法》是怎样定义的。

投保人：指与保险人订立保险合同，并按照保险合同负有支付保险费义务的人，也就是为保险买单的人。投保人可以是被保险人和受益人，如小富给自己投保购置的重大疾病险；投保人也有可能不是被保险人和受益人，如小富给儿子购买的少儿医疗险。

被保险人：指其财产或者人身受保险合同保障，享有保险金请求权的人，即被保障的人。保险通常以被保险人的健康状态和生命为保险标的，被保险人与投保人可以是同一人，也可以不是同一人。

受益人：是指人身保险合同中由被保险人或者投保人指定的享有保险金请求权的人。受益人是接受保险利益的人，其生存受益人是投保人或被保险人本人，而身故受益人是投保人和被保险人以外的第三人。如果保险合同里未指定受益人，则为法定受益人。

投保人、被保人和受益人在投保中的讲究

新进银行的王博，在小富的指导下给自己购买了意外险、消费型重疾险、医疗险和定期寿险，一年要交保费 5000 元左右。在落实了个人保障的同时，他对保险有了更深的研究兴趣，掌握了不少保险的知识。

有一天，王博在研究保险合同时，发现同一份保单可做出多组关系"人"设置，但又想不明白不同组合之间的利与弊，于是找到小富请教。

小富就给他讲了投保人、被保险人、受益人在保险产品中的法律关系和相关案例。

在人身保险中，投保人和被保险人要具有保险利益关系，也就是说，投保人和被保险人或为同一人，或为配偶、子女、父母关系；或投保人与被保险人有抚养、赡养关系，或为家庭成员；或投保人与被保险人是有劳动关系，如法人与员工。这些关系在投保中因"人/角度"的不同会出现不同的保障分配结果。

受益人设置要点

投保人在购买包含身故责任的人身寿险、意外险等险种时，需要确定第三人为受益人。由于这个受益人是接受保险利益的人，故在投保中，确定谁是受益人极为重要。

选择法定受益人，可能会遇到麻烦。根据《保险法》司法解释三、第九条，受益人约定为"法定"或者"法定继承人"的，以继承法规定的法定继承人为受益人。也就是说，投保人本想将保险利益确定给自己最想保护的人，但由于在保单上选择的是法定受益人，实际兑现时得依照继承法规定，按顺位给付一人或多人。

案例1：付某投保了一份重大疾病险，重疾险中附加了寿险的身故责任。投保时，保险业务员和付某逐项落实保险合同的条款，此单保险投保人、被保人都是付某，问及受益人是谁时，付某一下愣住了。由于自己是再婚重组家庭，在自己和前夫的儿子、现任老公之间纠结了起来，一方面想将受益人确定给儿子，另一方面又顾及老公的情绪和感受。代理人看出了付某的犹豫，就提示说，可以考虑选法定受益人。付某一听还可以选法定受益人，觉得这是眼前解决举棋不定的最好办法，立马按照代理人的建议将受益人确定了下来。

一年后，付某因突发疾病不幸身故，付某身故赔偿金得按继承法规定的继承顺序进行分配。法定受益人第一顺位为现任丈夫、付某和前夫的儿子以及现任丈夫的女儿（已形成抚养义务）。

这个案例告诉我们，确定好指定受益人对保护保险收益十分重要。在购买保险时最好把受益人确定好，作为被保人虽然有权申请调整受益人，但极可能遗忘修改受益人这事。

受益人身份关系变化，也可能会遇到麻烦。根据《保险法》司法解释三、第九条，受益人的约定包括姓名和身份关系。保险事故发生时身份关系发生变化的，则认定为未指定受益人。在家庭关系中，夫妻之间的身份关系是有可能发生变化的，保险合同中约定配偶为受益人的，若夫妻身份关系变化，那么受益人也会发生变化。

案例2：臧某同样购买了一份含身故责任的重疾险，受益人指定为"妻子郑某某"。两年后臧先生和郑某某离婚，育有一儿子随母亲郑某某生活。再一年后臧先生又组建了新的家庭，同年底，臧某因患重病身故。此案例中郑某某因身份关系的变化，不再是"妻子"，保险被认定为未指定受益人，其赔付金作为遗产当按法定继承顺序分配。如果投保时确定的受益人不是郑某某而是臧某和郑某某的儿子，那么该笔身故赔偿金则全部赔偿给他们的儿子，臧某的新妻子以及臧某和新妻子的儿子就无缘受益。

一道有趣的问题

韩梅梅和李雷结了婚，李雷给自己买了份终身寿险（身故理赔），指定妻子韩梅梅为受益人，后来两人离婚，李雷和Lucy再婚。几年后李雷身故，投保后该保单未做任何变更：

谁可以获得理赔？（单选）

　A. 韩梅梅

　B. Lucy

　C. 李雷的法定继承人

　D. 韩梅梅和Lucy

投票

投保人与被保险人设定的要点

婚姻存续期间，家庭中的收入均为夫妻双方共同财产，在投保包含身故责任的保险时，要考虑家庭成员的各自保障需求。对家庭顶梁柱的理解不应该仅仅指家里最能挣钱的人，家庭的另一半妻子或丈夫，即使挣钱不是很多，也同样是家庭中的主力。更重要的是在确定受益人时，可以选择孩子和各自的父母，只有这样才不失为一个比较周全的安排。

案例3：蒋某在职场上混得很不错，人到中年就买车买房，还有了一双儿女。妻子为了照顾小孩，放弃工作成为全职太太。

后来，蒋某在朋友介绍下认识了一个保险业务员，在她的热心推荐下买了不少人身保险，也给妻子买了重疾险和医疗险。在选择覆盖债务风险的定期寿险时，蒋某认为只要自己买了就好了，妻子反正没工作，即使遭遇身故风险对家庭的影响也不大。这时保险业务员提醒他，不给妻子买定期寿险，如果妻子遭遇身故风险，妻子的父母谁管？蒋某恍然大悟。

通过人身关系的设立，实现资产隔离和传承

前面谈到的保险主要立足于保险的保障功能，这也是普通家庭必备且最有价值的功能。不过我们还可以把眼光放远点，了解保险的隔离和传承功能。当家庭财富升级时，就可好好地运用人身关系的设立，逐步实现保险的隔离和传承功能。

当家庭资产达到一定量级，就算进入了富裕阶层。一般现金资产在800万以上，即被称为高净值人群。达到这个量级的客户，他们的烦恼不是挣钱，而是保值增值并传承财富。

资产隔离可以通过购买大额年金险，设立恰当的投保人、被保人、指定受益人，确保婚前财产不会因婚姻变化而被分割。

小富的客户王先生就属于这类高净值家庭。他的女儿就要婚嫁了，但女儿找的对象并不如他们所期望的那样门当户对。王某夫妇在帮助小两口购房购车后，还想把一笔现金资产交给他们，但对女儿的婚姻又有些隐忧。

王先生把这个顾虑告诉了小富，小富给他们做了这样的保险建议：王先生为女儿购一份大额年金险。投保人为王先生，被保人为王先生女儿，指定受益人为王先生，即保单在未领取前所有权属于王先生，投保的年金在保险公司的打理下实现稳定的复利收益，达到约定年限后，由女儿开始领取年金，万一其女儿出现身故风险，该身故赔付金所有权归王先生。

听完小富的建议，王先生夫妇十分满意，并表示这样做只是在某种顾虑之下为掌握资产主动权的一种措施，当然更希望小两口能共同努力，把小家

庭经营好。

财富可以这样传承，配置大额终身寿险，实现财富传承和可能出现的税收规避。

小富的客户郑先生，做白酒代理经销多年，积累了上亿的资产，现已65岁的他，感到工作起来身体状况有些力不从心了，就想把家业传承给年仅25岁的儿子，但又对年轻爱冲动的儿子很不放心。

交谈中小富感觉到郑先生的顾虑，就说：干脆这样吧，您儿子不是在您的下属公司工作吗？您可以把现金资产分为两部分，一部分投到儿子运作的公司里，锤炼他把业务做起来，接您的班；另一份买成大额的终身受益险，投保人、被保人是您，受益人是您儿子，直到身故后理赔金才归儿子所有。这样既可以鼓励您儿子有紧迫感地努力创业/壮大产业，也可以将一部分资产安全地传承给您儿子，还可以避免可能开征的遗产税。过去大家都认为给儿女留房子，其实留保单也是一个很好的选择。郑先生听后表示非常赞同，就和小富一块把资产的情况进行了梳理，对比例的问题也进行了深入的探讨。

保险如何避债

一直有种说法，买保险可以避债避税，可以实现离婚不分。真的是这样吗？

实际上，这样的说法是不严谨的。在某些情形下，人寿保险合同的权益可以不被强制执行，但不是所有的保险合同权益都不被强制执行。由此看来，对保险功能的认识与把握也是一件比较复杂的事情。

先看支持保险合同权益保护的法律法规是怎样说的？

《中华人民共和国合同法》（以下简称《合同法》）：

第七十三条　因债务人怠于行使其到期债权，对债权人造成损害的，债权人可以向人民法院请求以自己的名义代位行使债务人的债权，但该债权专属于债务人自身的除外。

关于"债权专属"，据《合同法若干问题解释一》：

《合同法》第七十三条第一款规定的专属于债务人自身的债权，是指基于抚养关系、赡养关系、继承关系产生的给付请求权和保险、劳动报酬、退休金、养老金、抚恤金、安置费、人寿保险、人身伤害赔偿请求权等权利。

《中华人民共和国保险法》：

第二十三条　任何单位和个人不得非法干预保险人履行赔偿或者给付保险金的义务，也不得限制被保险人或者受益人取得保险金的权利。

再看不支持保险合同权益转移的相关法律法规又怎么说的？

《中华人民共和国公司法》：

第二十条　公司股东应当遵守法律、行政法规和公司章程，依法行使股东权利，不得滥用股东权利损害公司或其他股东的利益；不得滥用公司法人独立地位和股东有限责任损害公司债权人的利益。

公司股东滥用股东权利给公司或者其他股东造成损失的，应当依法承担赔偿责任。公司股东滥用公司法人独立地位和股东有限责任，逃避债务，严重损害公司债权人利益的，应当对公司债务承担连带责任。

《最高人民法院关于限制被执行人高消费及有关消费的若干规定》：

被执行人为自然人的，被采取限制消费措施后，不得有以下高消费及非生活和工作必要的消费行为：……（八）支付高额保费购买保险理财产品。

从支持保险合同权益保护的角度，我们可以得知，人寿保险通过投保人、被保人、受益人之间的关系设立，是可以起到资产隔离、现金定向转移的控制功能。

小富有个客户胡老板，前几年的工作服定制生意做得不错，小富经常到他公司去拜访。一次和胡老板聊起服装生产计划时，小富发现他的市场销售已出现一定的发展瓶颈。胡老板也意识到发展中的困难，就表示想做一些经营转向投资上的尝试。

小富了解胡老板的资金安排计划后，就向他建议，可以减少转向投资资金，将剩余的约800万资金给自己买一份终身寿险，投保人、被保人是自己，受益人是胡老板的儿子。如果胡老板转向投资做得好，再需要资金时，还可以用保单质押贷款，这样不是就两全其美啦？

胡老板一盘算觉得可行，就爽快地购买了终身寿险。

两年后，胡老板转向投资做得很艰难，由于四处奔波突发脑溢血不幸亡故，企业现金流断裂，还欠了好多借款债务。由于胡老板先前投保的终身寿险指定受益人是他儿子，保险公司按照保险的合同权益，将理赔款支付给了胡老板的儿子，这就较好地实现了资产隔离和现金定向转移功能。

从不支持保险合同权益转移的角度来看，我们更应遵守相关的债务承担责任。如果公司股东通过购买寿险和分红型保险恶意逃避债务，从而严重损害公司债权人利益，保险合同的权益就将受到司法机关的处分。

有一天，汽车经销商客户黄某某急着找小富买保险，小富按惯例正想给他做购买前的配置诊断时，黄老板却很不耐烦又粗暴地打断他："这你就不用多问多说了，我知道应该怎么买，你就告诉我有哪些年金型收益高的保险，我要买4000万！"

小富一听金额这么大，投保人又如此着急，考虑到尊重客户的隐私，也就没再多问。接下来就按照黄老板的意思，推荐了两款内部报酬率比较理想的含身故责任的年金产品，投保人是黄老板本人，被保险人和指定受益人是黄老板正在读大学的女儿。

客户走后，小富的两位同事就围了过来，对客户一出手就买两单这么大额的保险感到疑惑。

同事的疑问倒提醒了小富。他虽然做成了一笔大单，但也好像并不怎么开心，因为他有些直觉预感黄老板此举多少有些怪异。

果不其然，一年后，该保单未发生保险事故，保险合同权益本该属投保人，但由于黄老板拖欠银行贷款8000万，法院受银行债权人委托，在执行了其他财产2000万后，解除了投保人与保险公司的保险合同，同时扣划了那份4000万保单的现金价值。

从上面两个案例我们不难发现：在正常保险筹划与风险对冲安排的前提下，保险具有资产隔离和指定传承功能。但是如果投保人是为逃避债务而购买保险，司法机关就会站在保护债权人的角度对该次合同的保险权益依法给予解除并执行。

在这个问题上，投保人的主观动机很重要。只有正规合法地参与投保，才可以实现资产的安全与传承。

第四节
买保险的攻略

目前的保险市场上，保险机构多、销售渠道繁杂，产品更是令人眼花缭乱。办理保险过程中，还因为公司和销售人员的利益立场，使得保险的宣传和产品让消费者踩了很多的"坑"。

对消费者而言，面对这些问题需用理性积极的心态，提高自己对保险及其产品的认识与辨别能力，从而达到保险对个人和家庭高契合的配置。

那么，我们在具体购买保险时，应该如何按照家庭的资金预算安排，选择保险产品的时候分清轻重缓急呢？购买产品前，我们应该做足哪些功课，如何与保险销售人员沟通呢？购买保险后，我们还需要关注哪些事情，如何定期检视和补充？

在前面的章节，我们讨论了能救命的保险：社会保险、人身意外险、重大疾病险、商业医疗保险、定期寿险等基础类的保险。升级配置的保险：养老年金保险、终身寿险等。

哪些保险其实并"不保险"，你知道吗？

当保险变成一种投资行为时，保险产品就变得"不保险"了，这种被称为理财型保险的保险产品，是集保险的保障和投资功能为一体的新型寿险产品，主要有分红型保险、投资连结险和万能保险。这类产品主要是通过保险公司的投资平台，在专业投资团队的运作下，实现较好的投资收益。

理财型保险希望实现的是保障＋投资的双重管理目标，但需求多了，往往就可能出现事与愿违的效果。

因为投资是需要一定的资金量才能推动的，为了实现保障＋返本＋投资收益（固定＋分红），理财型保险一般都会呈现出保费高、保额低、保障弱的特点。保费约等于保额，那么其以小博大的杠杆效力就几乎为零。其实它们更多赋予的是强制储蓄和保本、保一定收益的功能。正因如此，这类产品才得以大量地在银行销售，让很多不十分了解保险的人，误认为"买了保险就有了保障"。

由于保费高，投保人每期缴费负担重，投保理财类保险后，因财力有限，不能全面安排保障类保险的本末倒置现象时有所见。加之部分销售保险的人员在销售分红保险时因急于销售，往往夸大产品的预期收益，结果产品到期时，因达不到预计收益水平而遭投保人质疑，甚至屡屡引发维权纠纷。这种现象不仅让社会为之诟病，也引起了银保监会的关注。

2016 年底，银保监会在召开的专题会议上指出"保险姓保"，保障是保险业的根本，投资是辅助功能，并要求回归本源。为此，各保险机构开始了对以往保费规模扩张追求的调整。随着各保险机构的转型策略调整，市面上比较好的、满足普通大众的保障类产品越来越丰富，人们对保险的信心和信任正在得以恢复和增强。

那么，理财类保险还有投保的价值吗？实际上，考虑到投保目的的多样性，这类保险产品的投保价值依然还是有的。

我们可以这样来安排保险：在资金有限的情况下，主要购买消费型保障类产品，如人身意外险、商业医疗险、消费型重大疾病险、定期寿险等，暂缓对保本、返本、收益类保险产品的追求。随着个人收入水平的提高，这种情况下就应尽快补充一些返还型的重大疾病险、养老年金和终身寿险之类，来完成对一个生命周期的全覆盖。

在将这些保障安排妥帖后，如果手上还有闲钱，这时就可以考虑再购买一部分理财型保险，特别是那些收益还不错、又能实现保单现金价值传承的年金型产品——可以将其作为通过保险渠道去实现的投资安排。但我们更要牢记的是，保险只是我们理财规划渠道的其中之一，此外还有银行、证券、信托、公募私募基金以及第三方财富管理机构等渠道，我们可以根据自身的风险承受能力和资金的使用安排计划，来做更好的分散投资安排。

除了上述人身保险外，还有一些即时相关的保险产品可以根据实际情况考虑。比如，我们还应该为自家的爱车买保险；外出旅游（特别是境外）时，给自己买旅游险；给自己房子买家财险；除保障房屋本身风险外，还需附加火灾、水管破裂损失等。在保障家庭的财险方面，给私家汽车买保险的意识人人都有，但对旅游险和家财险的配置却很少有人给予关注，但这些类型的保险，保费较低，其实也是非常有投保价值的。

怎样才能买到适合自己和家人的保险？

人们总爱说买保险的"坑"多，那该如何擦亮眼睛，买到最适合你和家人的保险呢？这是购买保险临门一脚的重点功夫。

我们先来看看，保险该在哪儿买？

以往大家买保险，通常是保险业务员找到我们，和我们聊买保险怎么重要，现在有款多么划算的产品，大家都在买……于是我们很容易在从众心理的暗示下跟着买了，结果是保险业务员推什么产品，我们就买什么产品。我们没有对自身贴切需要保障的风险做筹划，有时就会造成"没有买到点子上"的情况，给自己和家人带来一些遗憾。

因此，我们对购买保险这事，应该变被动为主动，通过对保险业务知识的学习和了解来建立正确的保险意识，当明确自己和家人需要什么时，主动找保险销售渠道购买。

那么，保险销售到底又有哪些渠道呢？它们靠谱吗？

如果我们要开户存钱什么的，我们可能立马想到的是去银行。银行实名审核开户后，还可以帮我们开通注册电子银行，我们以后需要转账、理财在家就能完成，方便快捷、全程无忧。如果你的资金量比较大，那么就有专门的银行客户经理为你提供服务。

那如果是买保险，又该去找谁？

有种感觉是保险无处不在，但又不特别直接。其实，保险公司是保险产品的出品机构，保险发展到今天，在产品的销售端又拥有非常丰富的代理销售渠道，主要为保险代理人、经纪代理人、银行保险（代理）、互联网保险等，这些主渠道都有各自不同的优劣势，同时也适应了不同的人群。

先来说保险代理人。这是一个非常庞大的销售群体，从 20 世纪 90 年代开始至今，都一直是保险销售的主力军，主要为各自的保险公司销售其自家的保险产品。和保险代理人打交道，最重要的是要找到专业又值得信赖的人，这很重要。

其次是经纪代理人。这些是保险中介公司，它们一般代理销售多家保险公司的产品。如果是一家比较有实力的经纪公司，产品线相应会比较丰富，有比较优势，更能站在客户的角度来配置产品。

其三是银行保险（代理）。因银行有最为广泛的客户基础，客户在银行办理金融业务的同时，也可通过银行的理财经理或线上平台购买银行代销的多家保险的产品，但银行代理的多为理财类保险产品。

其四是互联网保险。这是通过互联网平台购买保险的渠道。目前主要有蚂蚁金服、微保和第三方互联网销售平台，还有各保险公司的直销商城等。互联网平台是一个正在不断成长发展的渠道，具有信息公开透明、方便投保人做产品比较和购买的优点。但在互联网上投保的前提是投保人要具有一定的保险认知基础，再加上与客服电话咨询的互动，也能实现比较理想的产品选择与购买。

上面提到的各个销售渠道，各有千秋，可以适应不同人群的投保选择，投保人也可以多渠道地去咨询、比较，找到我们相对熟悉、方便的渠道，买到适合你和家庭的保险保障产品。

接下来的问题是，该怎样来买保险？

买保险和做其他投资一样，作为决策者，一定要清楚自己想要什么。

很多人愿意花时间研究股票、基金，其实保险也一样，也是需要花时间去学习的。通过学习让自己具备较好的保险意识、认知和鉴别能力。另一方面，保险机构那么多，保险产品更是繁杂多样，同样的产品也在不停地更新迭代，因此我们也还需要和专业的业务人员咨询、沟通，在专业人员的指导下才可能做出更加适合自己的选择。

在和保险业务人员沟通时，首先要判断这个业务员对产品的销售立场，如果销售人员把他即将推给我们的产品说得完美无比，诸如保障高、保费低，又有多重保障等，对此我们就要加以提防了。如果是一个比较小心谨慎的业务员，若对我们提出的一些关键性问题不能爽快、明白地回复，甚至还要电话问询后再作答，这样的销售员显然在业务上还不够熟练，那最好换人。当然，如果能遇到那种业务熟练、对条款解释清楚合理又能客观提示客户需考虑（或能否接受）的问题点、提示核保、退保、理赔等各项流程时，这个销售员就是比较可信任的。

当然，当我们进入购买保险的环节时，首先该做的就是产品比较。即使面对的是保险公司，也不要简单只看这家公司是否是大品牌、大公司，我们还可以通过线上查询和线下咨询，对我们选中投保的机构和产品进行比较。如果是经纪人公司，他们自身就有条件提供同类的多家产品，那这时就要弄清楚业务人员主推的产品有哪些实在的好处和优势。

其次是要善于提问，这需要我们在了解产品主险、附加险以及多重保障的基础上，向销售人员提问，了解哪些是我们最需要的，哪些是可有可无的，有哪些单独投保可能会更好。

此外还要强调的就是，必须认真阅读保险合同条款。

通常保险条款的内容多而繁杂，人们大多不愿意去仔细阅读。不过，购买保险和购买其他商品是有很大差异的，购买一件衣服时，穿上身马上就能感受到是否合适或是否喜欢，但购买的保险是否能真正合适是眼下无法看到的，有些"后果"我们是无法即知或预知的，因此，在投保前一定要读完保险合同条款，且重点阅读、理解那些有关保险责任的条款，了解享有的权益和承保的范围，特别是各个保险责任的给付时间、条件、金额的条款描述，了解保险的责任免除条款以及发生保险事故后的理赔流程、材料和单证要求等。如有不明白的，还应及时向业务人员询问，弄明白。

投保后还有哪些事需要做？

购买保险前，我们把生活中可能出现风险的问题都梳理了一遍，把需要抵御风险的保障都尽可能考虑到位了，这个时候我们往往长舒一口大气，觉得没什么问题了。其实不然，投保后仍有一些需要做的事，那也是非常重要的，因为它直接关系到今后遇到问题时保险的补偿兑现。

投保后的保单管理。投保后，我们要认真管理保险合同，即保单，无论是纸质保单还是电子保单，都详尽地约定了保险公司和投保人之间的权利、责任和义务，故对投保人而言是一本很重要的法律文书。

按被保险人分类，给家庭的每一位成员建档，并按纸质保单和电子保单进行分类。纸质保单收集到一起，专门存放在一个地方。电子保单则应在电脑里建一个专门的文件夹来保管。

由于保单记载和约定的内容很多，通常都是十多页以上的小册子或电子文档内容。为了方便定期检视投保方案，我们可以做一个家庭成员保险配置清单表，以方便我们检查保险配置的情况和缴费资金的准备，以及今后保险的再次购买。

家庭成员保险配置清单

成员姓名	产品名称	保单号	保费	保额	保障期限	缴费日期	银行卡

做好保单和清单管理后，还有一件非常重要的事，就是为投保资料找共同管理人，如配偶、父母、子女等，预防万一发生不幸，会有另一保管人知晓投保保单资料，及时向保险公司申请，顺利得到身故赔偿金。投保后的动态再调整和做其他资产配置一样，也是需要定期检视并动态调整的。

这时我们就需要每年确定一个相对固定的时间，在整理补充家庭投保清单后，看哪些是即将到期续保的产品，如人身意外险通常保障期一年，因保费不高、保障大，往往会被我们在不经意之间给忽略掉了。又如医疗险，虽然投保时选择了可以连续续保的产品，也捆绑了银行卡，但需要关注银行卡上是否留有足够的缴费资金；如果在本年内出现过住院报账，更需要关注后期的投保是否能续保或者被要求提高费用。

此外，对与身体健康相关的重疾险、医疗险、寿险等，最需要关注其投保的连续性，如医疗险、定期重疾险一旦出现投保中断，就会面临因身体健康状况的变化而被保险公司拒之门外。

在开篇的第一章，就和大家聊到了关于通货膨胀率的事情。据有关统计，大概每 7 年至 10 年，通货膨胀率会在 7% ~ 11% 之间浮动上升，因此我们投保的那些长期乃至保终身的重疾险和寿险之类，也会随着时间的推移，降低了其应有的保障能力。如 20 年前购买的保险额度为 10 万的重疾保险，拿到今天来看，就只算一个起步的保障。因而对期限较长的保险，我们要确认投保的保额是否足够，并根据家庭财务实力水平的提高及时增加保障功能更优的保险产品。

人生的不同阶段，都充满了很多变数，如家庭成员、婚姻状况，还有职场变迁、收入水平等的变化，这些变化都会带来新的保险和补充购买保险的需求，如：20 多岁刚工作时购买定期寿险，主要面对的是上有父母需要关怀与照顾的责任，而 30 多岁成家立业后，面对的大多是上有老、下有小的情况，还有房贷和车贷等多重责任，这时购买定期寿险的需求就会大大增加。

再就是保单内容的重新调整，购买保险后，随着家庭成员的变化，可以根据需要向保险公司申请调整缴费年限、受益人、投保人等。特别是婚姻关系的变化，夫妻双方在确定好保单归属后，随之而来的是投保人或受益人的调整。

投保后遭遇风险的理赔

尽管我们不希望遭遇任何风险，即使买了保险也并不希望碰上保险条款中罗列的风险，但总有一些人不幸遇到。当风险发生时，投保人才能够用理赔所得的经济补偿来支撑他们往后需要面对的生活。

对于理赔，很多人都对保险公司存在一些偏见和误解，诸如保险公司这时一定会处处刁难，使保险理赔困难重重。很多人认为，保险公司越大越容易理赔，保险公司有熟人就容易理赔……其实这些想法都有偏颇。保险作为金融的一部分，受到银保监会管理体系的严格监管，并且还有一套完善的保险保障基金制度，具体到保险公司赔付的资金，不仅有保险公司，在保险公司后面还有再保险公司兜底。

那保险理赔最重要的是什么？是看保险条款。只要发生的事故是在保险责任范围之内，那保险公司就责无旁贷地进行理赔。

需要我们注意的是，当保险事故发生时，事主或其家人要做的第一件事是向保险公司报案。由于投保的时间一般都很长，当发生事故时，当初给我们办理保险业务的人员也许早就不在原岗位了，因此我们理赔第一个要联系的该是所投保的保险公司，应通过该公司的客户热线及时报案。

报案后，另一件重点要做的就是准备各种证明材料。

当事故发生时，无论是意外、生病或身故，都需要有相关部门提供的证明材料，投保人或其家人可以根据保单要求，或咨询投保的保险公司，在他们的指导下，将理赔材料准备到位，并先交保险公司审核。公司会在规定的时间内做出理赔核定和赔付。如小富以前的客户秦某，在医院确诊患乳腺恶性肿瘤后，第一时间就向投保的保险公司报案，在保险公司确认理赔事由和责任后，及时提供理赔所需的资料清单，秦某在住院治疗过程中，按照保险公司的要求，也很注意地将诊断证明、检查报告、就诊记录等都收集齐备，因此很快就得到了 50 万元的重疾险赔款，又在第一期住院结束后的手术费和住院费用中顺利地报销了（在扣除社保可报销部分后）相关的手术和治疗费用，从而及时地缓解了因生重病给家庭带来的经济压力。

第五章

稳健增值：每年多增收一些

闭着眼睛买理财产品的"躺赢"时代终将过去，"稳稳的幸福"可以自己做主，或许有一天你会说"过去真傻，干吗要去买收益那么低的理财产品呢"。

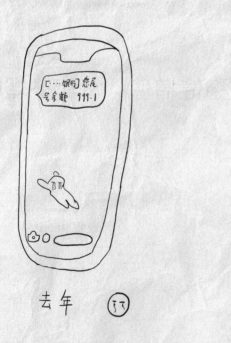

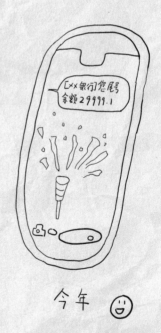

第一节
固定收益产品：并不是说收益是固定的

不管是理财产品、理财型保险还是债券基金，稳健投资型产品的背后离不开债券，因此这类产品也就有一个特别好听的名字，叫"固定收益类产品"。千万别望文生义，觉得债券基金"保本保收益"，那就大错特错了。之所以叫"固定收益类产品"，是因为债券是要定期"还本付息"的，正常情况下会有"固定"的现金流回来，仅此而已。

债券的价格会有波动，发行债券的公司也有可能会没钱还，这都可能会造成债券基金收益的波动。

很多人一听"基金"二字就认为会是风险很高的产品。但实际上基金可投资的范围非常广泛，投资的标的不同，收益和风险特征的差异也非常大。债券基金投资的债券，其波动比股票波动低得多，债券基金也就比股票基金稳当得多，两者的收益和风险差异是非常大的。同时，债券基金本身还有很多的细分类别，不同的类别也有不小的差异。

债券基金主要是投资债券的。我们在买债券型基金的时候，如果注意看投资范围的话，就会看到很多类别的"债"，这些"债"到底有什么区别呢？

可以根据借钱的主体的不同把债券分成各种类别：

第一类：国债。

对于一个国家来说，政府往往承担了民生工程建设等方面的投资，但仅靠税收往往是不够的，于是就以发债的方式先向社会借款，再用以后收的税还。

国债大家都比较熟悉，是由财政部发行的，曾一度成为中国老百姓除存款外唯一的"理财工具",现在还有不少人买国债做投资。国债一般利率不高、期限可长可短,由国家的财政作保障,几乎不存在违约的问题。大家都乐于接受,所以想卖的时候也很容易能够找到买家"接盘",很多机构也喜欢将闲置资金放在国债。

第二类:央行票据。

各国中央银行经常要借钱给商业银行,在中国行使这一职责的是中国人民银行,大家都戏称中国人民银行为"央妈"。哪个商业银行遇到短期的资金短缺,都可以向"央妈"借,"央妈"几乎是有借必给的。"央妈"不缺钱,但也会发债,发债的目的是为了调控社会上的资金量的大小。当它觉得市场上流通的钱太多了,就会发债券,也就是央行票据,简称央票,减少市场上流通的钱。

央票一般期限都比较短,3个月到1年不等。"央妈"通过央票不仅可以调节社会的资金量,还可以通过央票的利率情况向社会传导政策导向。比如:把央票利率提升一点,就变相地告诉我们要过紧日子了,别太大手大脚的了;把利息降一点,就相当于跟我们说,现在资金很充裕,放心大胆花钱促发展。

"央妈"是负责造钱的,享受的是国家信用等级,当然不会给大家赖账,所以不用担心"央妈"还不起钱,因此大家非常信赖,也喜欢要央票。和投资国债一样,许多人喜欢用暂时不用的资金买一些央票。

第三类:金融债券。

金融债券,顾名思义,是由金融机构发行的债券。在许多欧美国家,金融机构发行的债券归类于公司债券。在中国、日本等国家,银行、证券公司和保险公司等金融机构发行的债券,称为金融债券。

我们知道中国的银行又有政策性银行和商业银行之分。国家开发银行等政策性银行是不针对公众吸收存款的,只通过发债的方式来筹借资金。政策性银行也是由国家财政支持的,也就等于享受了准国家信用等级。不过跟国债相比,政策性银行发行的债券一般时间比较长,利率一般也会比国债高一些。

商业银行等金融机构发行债券的主要目的有两个，其一是跟政策性银行一样，筹集资金用来发放贷款。存款自愿、取款自由，如果大家争相取款的话，就会造成资金的不稳定；债券未到期之前一般不能提前兑换，只能在市场上转让，这就不会影响到所筹资金的稳定性。同时，金融机构发行债券时可以灵活规定期限，比如为了一些长期项目投资，可以发行期限较长的债券。

另外一个比较特殊的目的是补充资本金，《巴塞尔协议》对银行的资本充足率有严格的要求，我国商业银行这几年业务发展速度很快，仅采用增发股票的方式已不能满足银行对补充资本金的需求。而发行次级债，作为一种较为简便的补充资本金的手段，开始越来越频繁地为银行所采用。

很多商业银行都发行过次级债券。这个次级债券，是指偿还次序优于公司股本权益、但低于公司一般债务的一种债务形式。这里的"次级"自然不是指的"较差"，也不是指贷款五级分类中的那种"次级"。跟美国的"次债危机"中的"次级债券"完全是两码事，千万别弄混淆了。

对于大的商业银行来说，往往会存在"大而不倒"的现象，因此也往往会获得较高的信用等级，发债也是比较容易的事。

第四类：城投债。

随着经济的发展，尤其是在 2009 年后，地方债也慢慢地进入了大家的视野，甚至于个人都可以通过银行柜台直接买到地方债。地方债一般是用于市政建设，由城投公司发行，所以也叫作"城投债"。

在业内人士看来，城投债也是目前"性价比"最高的债券品种之一，有的甚至明确了用地方政府财政作保障，有的虽然没有明确，但一般会有政府的隐性担保在里面，也就相当于有了"政府信誉"作保。目前城投债还没有过实质的违约，行业内也有"城投信仰"的说法。同时，由于一般的城投债没有实质的抵押品，经营现金流也比较少，全靠对地方政府"不会赖账"的信仰作支撑，所以一般利率也会比较高。当然，各个地方的财政实力和债务情况差异非常大，所以利率和风险情况差异也会比较大。

第五类：企业债券。

企业债券就是一般工商企业发行的债券，期限可长可短。根据发行的市场不同，国内一般又细分为公司债、企业债和中短期票据等。相对应的主管部门分别是证监会、发改委和人民银行。

企业债券是公司根据经营运作具体需要所发行的债券，它的主要用途包括固定资产投资、技术更新改造、改善公司资金来源结构、调整公司资产结构、降低公司财务成本、支持公司并购和资产重组等。只要不违反有关制度规定，发债资金如何使用则完全是发债公司自己的事务，与发行的公告内容相一致就好了。

我们都知道工商企业的类别繁多，不同的企业偿还债务的能力差别也比较大。所以，利率也就会有很大的差异。为了便于大家识别风险，一般会在债券发行时由独立的信用评级机构对发债的主体和债券进行信用评级，信用等级越高表示违约的风险越低，这样债券的利率也可以相应的低一些，而信用等级越低，则表示违约的风险越大，只有利率高一些才会有人来买。

目前国际上公认的最具权威性的信用评级机构，主要有美国标准普尔公司和穆迪投资服务公司。上述两家公司负责评级的债券很广泛，包括地方政府债券、公司债券、外国债券等，由于它们占有详尽的资料，采用先进科学的分析技术，又有丰富的实践经验和大量专门人才，因此它们所做出的信用评级具有很高的权威性。标准普尔公司信用等级标准从高到低可划分为：AAA级、AA级、A级、BBB级、BB级、B级、CCC级、CC级、C级和D级。穆迪投资服务公司信用等级标准从高到低可划分为：Aaa级，Aa级、A级、Baa级、Ba级、B级、Caa级、Ca级、C级。两家机构信用等级划分大同小异。前四个级别债券信誉高、风险小，是"投资级债券"；第五级开始的债券信誉低，是"投机级债券"。

这些债券都是比较传统的形式，随着经济的发展，近年来"资产证券化"也快速地发展了起来。另外，除了上面的要"还本付息"的债券，还有一类可以转换为股票的债券，称为可转债，这类债券虽然名义上要"还本付息"，但多数的发行主体都是奔着"转股"去的，而且利率也比较低，所以一般会视作"权益类"，会跟随着可转换的股票（正股）的波动而波动。从这个角度来看，也确实更多股票的属性。当股市处于底部区域的时候，可转债就会显示出债券的特征，不怎么跌。

从理论上来说，股票是没有绝对的底部的，因为股票永远不会还本金的，而债券因为要还本付息，就存在明确的"底部"，可转债就同时兼具了两者的特点，既体验股票的高波动，又有债券的"有底"特征，这也往往会使可转债在股市"熊转牛"的前期阶段成为最佳的投资工具。

看完了债券的类别，也许你感觉"似乎摸到了一点儿门道"。确实，债券对于大多数人而言是既熟悉又陌生的。熟悉之处在于我们几乎所有的投资理财方式都绕不开债券；陌生之处则在于我们很少会直接去投资债券。我们更多的是通过购买理财产品、债券基金、保险产品这样的方式间接投资债券。

我们在购买某些债券类产品时，看到收益并不波动，预期收益是多少，实际收益就是多少，大家也习以为常了，以为债券投资真实的世界就应该是这样的。但事实并非如此。

下面我们就先来看一个真实的债券基金的世界，再去看一看这些收益不会波动的产品为何会这样神奇地存在。

2018 年是债券比较露脸的一年。A 股在中美贸易冲击下一路下行，一年下来投资者只亏损十几个百分点都是一种骄傲，亏损 30% 左右属于正常态。但债券却迎来了一波牛市行情，以亮丽业绩正式"C 位出道"，一年收益八九个百分点实属正常，成功地吸引无数投资者的眼球，不少的人为此恶补了不少债券基金的基础知识。

但对于债券基金，大部分人的认识可能仅仅是停留在"比较稳当，收益可能会比理财高"的阶段，问起更多细节就一脸懵懂了。

债券基金有哪些类别

首先，从分类上来看，按照最新资管新规的规范，80% 以上的资产投资于债券的基金资产就称为债券基金，不管投资的是国债、企业债，还是可转债。同时，我们也可以看出，既然80%以上投资于债券，那剩下的不到20%就可以投资其他渠道如股票，既然债券基金不是全部资金都投资债券，那么债券基金的风险和收益预期就不会是一样的。

（创新来源：广发资管微管家）

既然债券还可以再投点别的，债券基金就又可分为纯债、一级债和二级债。纯债的意思是全部资产都会投债券，但可转债也是属于债券，带有股票的属性，有的纯债基金会考虑拿出不高于10%的比例，投一点点可转债。而有的则明确一点都不投，从这个角度来看，连可转债都不投的债券基金才是真正意义的"纯债基金"。另外，债券有长期的，也有短期的或者即将到期的，纯债基金一般又分为短债纯债和中长期纯债，中长期纯债为了使收益更稳定，往往又会采取"定期开放"的形式。一级债基，除了投资债券外，还可以部分资产投一点"一级股票"，换句话说，还可以打打新股，这样有助于增厚收益，如果打的新股比较多，一年能多赚两三个点的收益，对债券基金来说是非常好的一件事。但自从"有持仓的才能打新"的打新政策出台后，一级债基就有点名存实亡了，变成一只"纯债基金"了。二级债基则可以最高配置20%的股票，可转债更是可以考虑的选项了，所以二级债基相当于一只偏债混合基金，股票的仓位虽然没有债券那么高，但股票的波动远远大于债券，股票市场的表现往往对这类基金的影响会更大。

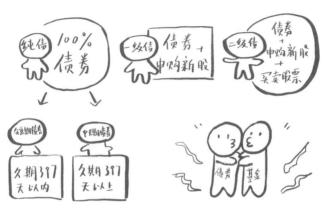

（创新来源：广发资管微管家）

我们很多人都喜欢"参与感"，尤其是对炒炒小股很上瘾，可是很少听人说是去炒债券的，债券基金的赚钱能力是个人直接买债券所远远不及的，很多债券只向机构投资者（基金当然是了）开放，个人是买不到的，而个人也无法通过债券质押融资来提高收益，操作起来也比较复杂，所以债券类投资基本上是机构投资者的天下，咱们只用安安心心地买个债券基金，坐着顺风车去当个机构投资者好了。

债券基金是怎么赚钱的

债券基金的赚钱能力显然会比我们个人去买债券要强很多，看清楚了，才好去放心买债券基金。

第一份钱：利息收入。

债券是一种债，就该还本还利息，这是天经地义的，要不然就不能称为"债"了。

所以利息收入是债券基金最重要的收入，这份收入是整个产品收益的基石，不管该基金是否打新股，是否买二级市场的股票，首先要去做好"收利息"的工作。

当然做好这个工作也不是件容易的事，因为基金管理者要根据产品的定位来选择合适的债券。有些债券风险低易转手，比如国债、央票、金融债等，但这些收益往往上不去，投资者很难满意。那就再投资一点城投债、房地产债等，这些债收益高，但存在违约风险，本来就是赚的"辛苦钱"，还把"本钱"舍了就太划不来了，所以还得选择靠谱的公司债券，不能只看收益乱投。

综合平衡下来，就会形成一个债券的投资池子。资产投放之后一般很少动，坐等收利息就好了。收利息是"可预见"的事，虽然债券基金可能会一个季度收一次利息、甚至一年才收一次利息，但可以把预期利息的总额平摊到每一天。投资者投资基金收到的利息是每一天累加起来的。

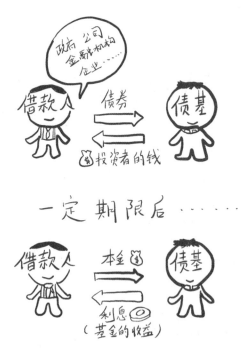

（创新来源：广发资管微管家）

第二份钱：债券价格涨了。

只要是有交易，就会有价格波动。债券也是如此，买的人多了价格就会涨上去，买的人少了价格就会跌下来。债券的价格会受市场资金情况等因素的影响。什么时候买的人多呢？当然是大家"钱"多的时候。对于债券的基金经理来说，最欢喜的事情就是"央妈"的"放水"了。市场的资金一多，就会有很多资金涌向债券了，债券的价格就会涨。而"央妈"喜欢"放水"的时间一般会出现在经济不好的时段。所以一般经济不好的时候，往往成为投资债券的好时机。所谓的债券牛市，就是债券的价格持续上涨了很长时间，这个时段投资债券，会比平时投资多不少收益。

比如说：我们的债券基金买了某债券。一年后，这只债券在交易市场上的价格上涨了3%，同时债券的利息我们是要照收的，如果这一年收到了6%的利息，基金经理把这个债券卖了。这一年内这只债券所带来的收益就是9%。即便没有卖这个债券，我们的基金也会为这段投资者"计"9%的收益。

债券的收益还是以收利息为主的，价格上涨这部分收益可以看作债券的额外收益。

第三份钱：借鸡下蛋。

杠杆收入就是"用别人的钱为自己赚钱"，这样的美事在债券基金是常见的，也是个人去买债券无法实现的。大家都觉得债券风险比较低，尤其是像国债、金融债等，为了获取较高收益，债券基金可以去买一个期限相对长的债券。比如说，买一个5年期的国债，年利率是4%。现在市场上用国债做质押借1个月期限的钱，成本只有3%，那么可以把国债质押了，循环借1个月的钱来投资5年期的国债，如果借款的利息一直保持不变的话，一年下来就可以多赚1%的收益。多赚的秘密就在于：借短买长，因为短期利率低于长期利率。正常情况下是这样的，但也会有特殊情况，如果短期利率意外走高，而买的债券又无法按照合适的价格卖出的话，这样做反而会亏钱。所以一般的债券基金都会保持一个合适的杠杆比例，如公募基金一般比例不会超过20%，也就是说最多可以借20%的资金回来，能多赚点就多赚点，但前提是别捅娄子。

我们去看很多债券基金的持仓情况，也会发现持有的资产占比超过100%，就是因为做了杠杆，借了钱来做投资的原因。

（创新来源：广发资管微管家）

第四份钱：股票涨了。

一级债基和二级债基都可以买点股票，就连有些纯债也是可以投点可转债的，这些都跟股市有相关。若这些债基买的股票涨了，就会有很高的额度收益。尤其是二级债基，在遇到股市的牛市行情时，达到20%以上的收益也是正常的事情。当然，如果遇到股市行情不好的时候，就要看基金经理有没有把股票的仓位降下来了。

也有一些基金是主投可转债的，既会受到股票市场的间接影响，在转股后还会受股票市场的直接影响。

债券基金投资有哪些风险

债券基金赚钱的门路很多，但也不能保证一定稳赚不亏，投股票的那部分资金会受到股票市场的影响，投债券的那部分对市场的利率非常的敏感。同时，现在债券的违约风险也不容小觑，打破刚兑在债券市场上已经成为一种事实，在这几年经济不景气的情况下，"还不起钱"的企业不在少数，有人甚至对违约的情况进行了归纳总结，比如是哪些地区的、哪个行业的、国企还是民企等，通过这些特征来规避一些投资的风险。

债券对市场的利率是非常敏感的，这来源于两个方面：一方面是债券价格与市场利率呈反向关系，当资金供给收紧、市场利率上升时，债券的价格会下降。另一方面是影响债券的融资成本，借钱的成本高了，收益自然就会受到影响，甚至在 2013 年"钱荒"的时候，不少杠杆高的债券基金产生了较大幅度的亏损。

为什么市场利率一高，债券的价格就要往下跌呢？我们举个例子会更容易明白一些。比如说：老张买了 10 份面值为 1000 元的债券，期限为 5 年，每年 5% 利息。在发行后的第二年，人民银行加息了，市场利率也就随之上升。资金对于利率的要求自然也就提高了，要在市场上借钱就要多给利息。同一家企业这时候发行债券，利率要提高到 6% 才会有人买。

老张这时候要用钱，就打算把手中的债券卖出去。买别的债券，每年的利率可以达到 6%，但老张手中的债券利息比市场上的利息要低，如果还按每份 1000 元卖，年收益率 5%，就没人买。没办法，老张只好去降价处理了，在价格降到 973.27 元时，新买家持有的收益率也就有 6% 了，也就有人愿意接手了。虽然老张这两年投

（创新来源：广发资管微管家）

资，每年都是按照 5% 利率收的利息，但是在债券到期前，他以低于买入价卖出债券，这时候实际的投资收益就只有 3.69% 了，比原来预期的 5% 收益低了不少。如果换成债券基金，借钱买了债券，利率上升的影响也会相应地扩大，甚至会引起亏损。

当然，"央妈"提高利率，仅仅是影响债券基金的各种情况中的一种，也可能是"央妈"卖出了更多国债或央票，可能是"央妈"提高了商业银行的法定存款准备金比率，可能是"央妈"不愿意借那么多钱给商业银行，造成大家都手头紧了……一般来说，季末、年末大家都需要资金的时候，市场的利率一般比较高，但由于持续时间一般不长，对债券基金的影响也就比较有限了。

如若不信，我们就看下近 10 年的历史数据吧，凡是市场利率（这里我们选用上海同业拆借中心的 SHIBOR 1 个月利率）蹭蹭上涨的时候，债券价格就会受到打压，而市场利率保持低位的时候，债券价格就不停地涨涨涨，低利率是债券牛市的坚实基础，而利率上升则是债券价格的强力杀手，特别是债券经过较长时间上涨后，对利率高度敏感，利率稍微提升，债券价格就开始大幅跳水了，2013 年的时候如此，2017 年的时候也是如此。

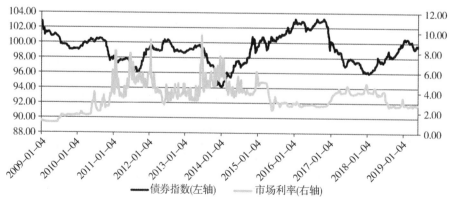

注：数据来源于万得资讯，丰丰整理。

除了利率的影响，信用风险（违约风险，即发债券的公司不还钱）的影响会更致命。市场利率高、债券价格跌得比较惨的时候没有卖出，债券基金常用的一个方法就是"持有到期"，不管债券是跌到了 700 元一份还是 800 元一份，债券到期后，债券的发行人都要按照 1000 元一份还本。但要是借钱的人没钱还了，这就很致命了，相当于是全部亏损了。前面提到，债券的借款方包括政府、金融机构、企业等。一般来说，政府或者央行违约的可能性基本为零，金融机构违约概率也很低。所以政府发行的债券风险极低，而公司和企业，经营情况会受到各方面的影响，如果经营出现重大亏损的时候，很有可能会无法兑付债券。理论上来讲，当企业未偿还债务的时候，债权人就可以到法院起诉公司，要求公司破产清算以偿还债务，但破产清算往往钱也回不来，因此大多会选择债务重组的方式。在 2018 年上半年，低风险的国债和金融债受到大家的热捧，就是担心企业发生信用风险。

在中国的债券市场上，违约不再是遥远的传说，而是债券投资过程中要实实在在面对的现实。

根据中金公司的统计，从 2014 年第一只违约券超日出现至今，中国债券市场出现过债券实质违约以来，截至 2018 年 9 月 23 日，中国信用债市场共 52 家发行人违约，实质确认违约的债券共 140 只，本金共 1348.4 亿元。换句话说，投资者买了这些债券，很可能钱就打水漂了。这个金额看似很庞大，但

（创新来源：广发资管微管家）

与目前非金融类信用债 18.88 万亿的存量相比，累计占比约 0.98%，占比并不高。

韭菜理财经

在资管新规明显打破刚兑的情况下，债券的违约将会成为一种常态。个人投资者靠个人能力显然无法识别债券投资中的风险，只能依靠专业的基金公司。基金公司严加筛选投资标的，当出现风险信号时及时处置，同时通过分散化投资降低单一标的违约的风险。

个人投资债券，往往只投资一只，一旦踩雷损失就是100%，而如果分散化投资，按照不到1%的违约率来计算，即便损失了这不到1%投资的全部本息，其他投资的本息也很容易将其覆盖，最终的损失只是收益率低了一点点，这就是专业化投资的魅力所在。

第二节
少有人知的海外债基：添加了汇率因素

近年来，全球不少的新兴市场遭遇着"股汇双杀"，多国货币对美元的汇率大幅下跌，土耳其里拉、印度卢比、印尼盾，甚至是一向被视为"发达国家"的澳大利亚澳元也遭受"血洗"。我们一度担心人民币会大幅贬值，不少人通过各种各样的方法将资产转移到国外去。从资产管理的角度来看，保全资产是每一个家庭都要考虑的问题，对于富裕家庭来说，通过资产全球化配置来降低家庭资产的风险是一种市场化的行为。

在美元强势背景下，美元资产自然就成为各路资金的"避风港"。而风险较低的美元债券自然就广受大家的关注，美元债基也正在成为理财市场上的热门产品，但由于受QDII额度的限制，美元债基也往往成了"限购"的常客。

美元债基金，顾名思义，是投资美元债券的基金，一般不主动参与股票等权益类资产的投资，预期收益和风险水平往往高于货币市场基金，但低于混合型基金与股票型基金。

需要提醒大家的是，美元债券并不是指美国政府或企业的债券，与美国国债、美国债券完全不是一回事。美元债券既可以是美国政府和公司发行的，也可以是其他国家和公司发行的，甚至发行地都可能不是美国，只是本金和利息都是用美元支付。

随着中国的企业走向世界，中国企业在境外投资的时候需要用美元，发债券的时候就可以直接发美元债券了，收的是美元，赚了钱还的也是美元。如果买债基是用的人民币，基金公司就要先把收到的钱换成美元，才能够去投资买美元债券，这就得遵守国家外管局的相关规定。国外的很多公司我们不太了解，也可能看不懂别人的商业模式，风险难以控制，我们国内的公司相对来说更方便沟通，也更知根知底，在境外发的美元债券也成为大家投资的"宠儿"，这些债券就是我们所说的"中资美元债"。

"中资美元债"是投资圈里的一个俗称，我国法律法规中并没有关于中资美元债的明确规定。它一般是指中资企业在境外债券市场发行的、向境外举借的、以美元为货币单位、按约定还本付息的债券。从这个角度来看，不管是中国的政府还是银行、城投公司，还是一般工商企业，都是可以发行美元债的，但从实际情况来看，国企、省级或市级城投企业所发美元债较受欢迎，原因在于目前中资美元债的海外受众群体仍以具有中资背景的投资人为主，他们熟悉中国政策和中资企业，青睐那些有政府背景的企业，对普通民企的认可度并不高。同时，房地产企业因其发行的债券收益较高，也获得追求高收益的海外投资机构热捧。

中资美元债券目前存量规模约在 7800 亿美元，随着我国企业国际化进程不断加快，政府、企业类平台及央行在海外融资需求不断加快。2016 年以来，我国共在海外发行超过 5200 亿美元存量规模，融资速度不断加快。其中金融类的债券约占市场存量的 50%，其中房地产企业债券约占金融板块的50%。在期限方面，主要以中短期为主，1 ~ 3 年期的存量规模约在 2400 亿美元。

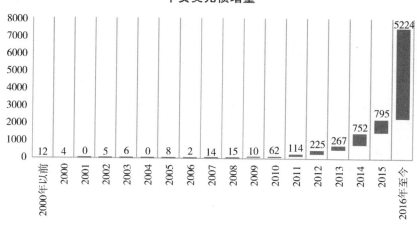

中资美元债增量

注：数据来源于彭博。

既然是债券投资，又是以美元来计价的，除了债券的投资收益外，当然还会有汇率的波动。我们知道，人民币债券基金的收益是来自票息、杠杆和价差的收益。美元债基则有四个方面的收益：票息、杠杆、价差和汇率。相似点很多，但实际差异非常大。比如说，同一家企业在国内发债的利率和境外发债的利率可能会差异挺大的，美元债基的杠杆也会比人民币债基的杠杆高很多，借款利率也相对便宜非常多。这样造成的一种结果就是：美元债基的收益波动会比人民币债基大很多。

很多人不太懂美元债基投资，只看到汇率的波动，所以在美元汇率上涨的时候，美元债往往会成为大家追逐的投资对象。

既然是投资，我们当然要关注投资的风险和收益情况了。按惯例，境外的债券一般分为投资级和非投资级。投资级的一般是指债券评级在 BB 级以上的债券，投资的风险比较低；而非投资级的也称为"垃圾债"，这类债券的违约风险就比较高。以投资级中资美元债行业分布来看，主要是国内金融行业和能源行业大型企业发行的债券，这些公司在行业内的垄断地位明显，还钱能力较强，由于海外拓展的资金需求旺盛，所发行的债券也是广受境内外投资者的青睐。

而在高收益中资美元债券中，房地产债券特点明显。房地产行业资金需求旺盛、利润率较高，这些企业发行债券既满足了企业资金需求，也满足了投资者对高收益的追求。在境内融资紧张的环境下，近年来地方城投公司也在尝试赴境外发行美元债券，规模也迅速扩大，呈现出供需两旺的势头。企业要发行中资美元债时，是需要经过监管部门审批的，公司一般都比较珍惜境外发债的信誉，违约率较低，在2018年中资美元债的违约总金额仅33.23亿美元左右，占存续规模的比例仅为0.43%，这些违约的也主要集中在民营企业的能源板块。

中资美元债的违约风险较低，在收益方面则又有较强的吸引力。2018年以来，在去杠杆的大环境下，中国宏观经济层面不确定性增强，中资企业融资也比较艰难，再加上一些境外的投资者对中国的企业表示"看不懂"而不

亚洲美元债收益率趋势

注：数据来源于彭博。

愿意购买，想在境外发债的企业只能通过提高债券的利率来吸引大家的投资，中资美元债的投资收益率也就普遍上涨，投资级的债券收益率达 4.5% 左右，非投资级的债券收益率可以达到 9% 左右，而房地产企业的收益率甚至可以达到 10% 以上。

为了个人投资的便利，基金公司在发行美元债基的时候一般分为人民币份额和美元份额。人民币份额就是我们可以直接用人民币购买，基金公司会将收到的资金兑换成美元再进行投资；我们赎回基金时，基金公司会将境外投资所得的美元资金兑换成人民币，再给我们。美元份额则是我们自己要先兑换好美元，用美元来购买基金，基金公司就直接用美元投资；我们赎回时，还给投资者的资金也是美元，投资者需自己兑换成人民币。从投资收益来看，两者实质上是一样的，只是币种有区别。所以在投资的时候，完全可以直接投资人民币份额，如果账户上刚好有美元，买美元份额也可以。

随着中国的企业和家庭"走出去"，在境外"花钱"的情况是越来越多了。而大多数人的资金来源都是境内，这就存在汇率风险。比如说，某个家庭的孩子在境外留学，每年需要花费 8 万美元，折合人民币就是 56 万元左右；但如果美元兑人民币升值了，同样的 8 万美元可能就需要 60 万人民币，这就增加了额外的开支。出于规避汇率风险的目的，未来要支出美元的家庭保持一部分的美元资产是一种较为有效的方式。以往大家一般会直接放个美元存款，或者买个美元的理财产品，但收益率都非常低。实际上，美元债基既可以满足收益稳健的需求，也可以满足规避汇率风险的考虑。同时，由于美元债基可以用美元购买，也可以用人民币购买，这就解决了个人购买美元债基所受的币种限制，对于想通过"境外投资"来分散投资风险的家庭来说，是个不错的选择。随着中国金融业对外不断开放，中国家庭的投资也必将会更具"国际范"。

第三节
玩转理财产品：多收三五斗

看到债券基金收益还是会有波动的，不少人心里就有点打鼓，转而去买了个收益明确的理财产品。这样的产品在行业内被称为"报价式产品"，意思是预期收益是多少，发行公司（银行）就会兑现多少收益，相当于是个行业的"潜规则"吧。银行如此，证券公司如此，信托公司也是如此。但随着资管新规的出台，这类产品将要成为历史，目前也是"最后的晚餐"了，从2021年开始，所有的产品收益都会开始波动。

我们就以银行理财产品为例，来深入了解这些产品是怎么神奇的存在吧。

银行理财产品主要也是投资债券，我们知道债券也是会有价格波动的，这样就会造成收益率的"波动"，于是银行就给大家确定的收益，多的拿走，少的给客户补上，这样皆大欢喜。理财产品成了近5年最成功的金融产品。

光大银行在2004年以预期收益率的形式发行国内首款人民币理财产品"阳光B计划"，与现在的理财产品相比，这款理财产品收益率是非常保守的，3万到10万的预期收益率为2.47%，10万以上预期收益率为2.55%，只是比定期存款收益率高一点，但中国老百姓长期以来把存款当作唯一理财方式，对它的出现给予了极大的热情。从此，银行理财犹如脱缰野马，肆意狂奔，这也被视为中国银行理财产品的开元。

刚开始的两年，银行理财的投资还主要局限在标准化债券市场，就是我们前面说的国债、金融债、企业债。到2010年，适逢"四万亿放水"，大量的非标项目涌现，理财的收益不断提高，整个市场的规模逐渐扩大，以至于目前已成为不少"贵宾客户"的标配了，很多人主动买银行理财产品，根本不需要银行客户经理来营销了，因为大家都知道银行是要刚兑的，说多少收益就多少收益，收益比存款利息要高出一大截，干吗不多投多赚呢？

为了解决非标、期限错配等问题，资金池运作的模式开始兴起，从此"潘多拉魔盒"正式打开。"非标"就是"非标准化债权"的意思，是相对于债券可以公开交易来说的，非标没法上市交易，流动性就差，一般只能持有到期，很难转手。但只要持有到期能够按时收回本息，就比投资标准化债券收益高不少。同时，买入长期限的资产，来滚动发行短期限的理财，这样也可以提高收益，这是不是有点像债券基金杠杆的操作啊？

我们来看个实际的例子吧。某银行发行的 180 天的非保本浮动收益理财产品，预期年化收益率 4.5%，发行规模不超过 50 亿元。产品说明书会明确注明：投资于符合监管要求的固定收益类资产，包括但不限于各类债券、存款、货币市场基金、债券基金、质押式及买断式回购、银行承兑汇票投资等。同时说明书也会提示各种风险：流动性风险、信用风险、政策风险等。另外还会明确注明：银行不承诺保证该产品的本金安全，也不承诺该产品一定达到 4.5% 预期收益率。但对于这些，投资者一般看不懂也不愿去看，其实看了也没有用。大家普遍最关心的就是收益率和期限，看期限合不合适，是长了还是短了。

"为什么不呢？""一年期存款利率仅有 1.5%，买这个理财产品 10 万块钱一年利息可以多收 3000 元。"这个情形是如此的熟悉，大家对理财产品收益的预期，是持有到期后偿还本金并按预期收益率 4.5% 付息，却并未考虑到产品说明书中提示的本金和收益的风险。

实际上也确实如此。客户的收益与当期的投资收益并没有必然的关系。有点像"收支两条线"，而在收益测算方面，往往会采用"摊余成本法"。

"摊余成本法"的标准解释是：估值对象以买入成本列示，按照票面利率或商定利率并考虑其买入时的溢价与折价，在其剩余期限内平均摊销，每日计提收益。

有点看不懂是不是？很正常，能看懂的人不多，毕竟大多数人不是"吃

这碗饭"的。在"吃这碗饭"的
小富就经常会把这句话翻译成大
白话：我们在买入资产时，按照
能够及时收回本息来算，把收益
平均分到每一天。如果 90 天的收
益是 2% 的话，那么 180 天的收益
就是 4% 了。就相当于，忽略资产
的价格波动，我们前面说的中国
人民银行的各种招数，对于债券

银行拿"熨斗"把波动的收益"熨平"

投资收益的影响似乎就不管用了。产品的收益就比较平滑，不像公募债基那
样，价格每天都在波动。

但实际上，资产不一定会持有到期，也不一定会全部收回本息。万一亏
损了怎么办呢，那就需要有第二道保障，即风险准备金。由于理财产品给客
户的收益还是要比资产的实际收益低不少，这部分是可以作为银行的管理费
的。但"常在河边走，难免不湿鞋"，银行就会留一部分管理费，万一遇到
债券违约或者资产卖亏，可以弥补。

也就是说，一旦理财产品投资的债券出现违约，银行会使用风险准备金
来补足产品的本金和收益，这就是通常所说的刚兑。正是这种刚兑预期和几
乎所有的金融机构事实上的刚兑行为，加速了利率市场化背景下的理财产品
市场大发展，也是银行理财产品规模在几年时间发展到接近 30 万亿规模的重
要因素之一。

我们投资者对于银行的理财产品往往信心满满，但做过资产管理的人就
会知道，要做到刚兑并不是件容易的事，随时要面对各种情况。

第一种情况是投资项目本息顺利收回。也就是说理财产品投资的资产没
出现违约，正常地收回了本息，不管是债券也好，非标也好。理财产品收益
率定多高，这一定是经过测算的，到期时资产收益率一定是高于理财产品的
预期收益的，这应该是绝大多数情况。银行将本金和预期收益足额兑付客户，

剩下的收益就可以作为银行的管理费，也可以留存一部分作为风险准备金。这种情况应该说是大家都喜欢的"皆大欢喜"的结局。

第二种情况就是出现了小额亏损：亏损总是难免的，理财产品所投资的某只债券或某几只债券出现小范围信用风险事件，但金额并不大，可能只影响到了部分的收益，银行留存的风险准备金完全能够覆盖此次亏损。

如果不正常兑付客户，别说是本金亏损，哪怕收益低了0.1个百分点，客户的感觉都是"这个产品不稳当"。我们经常会听到有些银行说：过往所有期次产品都是按照预期收益兑现的。说这句话本身是合规的，然而一旦有一期没按预期收益兑现，银行就不能这样说了。

站在银行的角度，如果某一期没有按预期收益来兑现，今后发行理财产品，买的人就会减少，只能通过提高收益等方式来吸引客户，必将面临利率上升、募集规模下降的风险，对银行来说得不偿失，或者说"因小失大"。银行索性就用风险准备金给客户补齐预期收益。其中的风险也就只有银行"自知"，投资者完全"无感"。

第三种情况是出现了大额亏损，而且是大面积亏损，不仅是一只理财产品出了问题，几乎所有的理财产品所投资的债券都全部违约，所有理财产品的投资都收不回来了。当然，这是比较极端的情况，更多的是一种理论假设。风险准备金已经无法覆盖这么大额的亏损，银行的自有资金也无能为力了。这时候，说明书中的"不承诺本金和收益"条款就真的要起到作用了。此刻坚持刚兑，或许就会让银行破产。在法律层面，银行也没有必须兑付的义务。于是，银行可能会选择在风险准备金或者在自己能力范围内为客户进行部分兑付，而不会选择冒自己破产的风险"全部兑付"。

因此，所谓的刚兑更多的是指第二种情况的收益平滑，而非第三种情况的"舍命相赔"。

商业银行能够在第一种情况下赚取管理费并积累一定的风险准备金，当出现第二种情况时，使客户收益稳定。这样能够通过降低未来理财产品募集成本、提升募集规模等方式为银行贡献收益，从而实现客户和银行"都满意"。

实际上，很多理财产品并不是单独运作的，而是采用资金池运作的。理财产品与投资资产之间并没有一一对应关系，只要是整个池子不出问题，能够平稳运作就可以了。当然，这样的前提就在于池子里赚回来的钱能够覆盖客户的收益，要不然就可能沦为庞氏骗局了。这样的模式，成功的如银行理财和券商的集合产品，失败的如P2P，两者的区别并不在于运作的模式，而在于资产管理本身。

我们多少有点习惯了理财产品的确定收益，但经常买理财产品的人也知道，不同期次的理财产品收益率是不一样的，收益并不是一年到头都是一样的。自从大家接受了理财产品是一种既安全收益又比存款高的产品后，理财产品收益的高低就成了大家"斤斤计较"的对象。

理财产品是源自于银行，同样隐性刚兑的部分券商资管产品、保险资管产品也可以称为"理财产品"，小富认为它们运作方式一样，从这个角度来看，理财产品并不是银行的"专利"，但一些非金融机构打着"理财产品"的招牌发行的一些兑付能力较差的产品，则不能简单地归类于"理财产品"。

我们发现，不同机构的"理财产品"在收益率方面还是有一定差异的，即便是同一家机构的理财产品，收益率也会有差异。虽然这个差异并不大，但即便是0.5%~1%之间的差异，投资者也是非常在意的事。那么这些收益率高低的背后有没有可循的一些规律呢？不少客户经常向小富咨询，面对大家不停地问"为什么"，小富还专门进行了总结，以便能让大家了解得更清楚，从而能够选择适合自己的理财产品。

1. 理财产品收益率与市场利率同向变动

中国市场上的利率有很多个，不同的利率具有不同的应用场景。前面也介绍过，市场利率SHIBOR利率对于债券投资来说是影响非常大的，而国债利率是大家比较认可的"无风险利率"，意思是财政部不可能兑付不了投资者，

发行银行	委托期（天）	预期年化收益率	收益类型	产品结构	币种	投资品种	起始金额	发行对象	销售地区	业务模式
中国银行	352	4.20~4.20	浮动		人民币元		10,000,000	私人银行客户	全行	自营
中国邮政储蓄银行	179	3.85~3.85	浮动	非结构性产品	人民币元	基金，债券，利率，其他	50,000	个人	全行	自营
交通银行	91	~4.05	浮动	非结构性产品	人民币元	基金，债券，利率，其他	10,000	个人	全行	自营，信托
中国工商银行	110	~4.50	浮动	非结构性产品	人民币元	股票，基金，债券，信贷	1,000,000	私人银行客户	湖北	自营，信托，QDII
中国建设银行	294	4.25~4.25	浮动	非结构性产品	人民币元	债券，利率，其他	100,000	高净值客户	陕西	自营
中国建设银行	93	4.00~4.00	浮动	非结构性产品	人民币元	债券，利率，其他	100,000	机构，高净值客户	浙江	自营
中国农业银行	254	~4.30	浮动	非结构性产品	人民币元	债券，利率，其他	50,000	机构，个人	深圳	自营，信托
中国农业银行	1828	~3.50	浮动	非结构性产品	人民币元	债券，信贷资产，利率	50,000	个人	全国	自营，信托
中国银行	1826	0.30~0.30	浮动		美元		8,000	个人	全行	自营

注：数据来源于 wind 资讯，2019 年 6 月 1 日。

是最安全的一类资产，其他投资品的收益率都要高过国债才行。还有，在以前的若干年，我们存款的利率一直是按照人民银行存款基准利率来执行。目前"基准利率"仍然存在，但银行已可以在此基础上自主决定给客户存款利率的高低了。在个人投资者的心目中，"刚性兑付"的理财产品一定程度上也充当了"无风险利率"的角色。如果其他投资品收益比不过理财产品，往往会被大家分分钟"PASS"掉。

理财产品本质上还是投资品，而不是"市场利率"，预期收益率实际上是会受市场利率影响的。债券的价格会随着市场利率反应变动，或者说市场利率升，债券价格就会跌。那么，对于主要投资债券的理财产品来说，收益率是上升的还是下降的呢？

答案是大多数情况是上升的。理财产品的收益率一般是跟随市场利率同向变动的。当市场利率下降时，理财产品的收益率也会随之下降，而市场利率上升时，理财产品的收益率也会随之上升。原因来自三个方面：

其一，理财产品，尤其是期限较短的理财产品，是要投资同业拆借的，也就是说理财产品的资金会借给其他金融机构来使用。若利率上升，作为资金借出方的理财产品会成为直接的受益者，同样的资金自然会多收点"米米"回来，给大家分的收益自然也是水涨船高了。

其二，利率会影响理财产品所投资的债券的收益。债券价格与利率是反向变动的，当市场利率上升时，债券价格就会下跌，债券的收益率就会上升。实际上，利率上升时，债券价格跌＝债券收益率上升；利率下降时，债券价格涨＝债券收益率下降。对于很多习惯了"涨就是牛市，跌就是熊市"的投资者来说，思维还是要做"转换"。

为什么债券价格跌了，收益率会上升呢？举个例子，某债券原来价格为100元，以这个价格买入，持有到期的收益率就是7%；公司出现偿债风险，价格急剧下跌，而在价格下跌到55元买入的投资者，最终公司还是以107元兑付的，年化投资收益率甚至超过了90%。（同时还有持有时间长短的因素）。这是一个比较极端的例子，但是我们可以明显看出，在债券价格下跌后进行投资的投资者的收益率，要比原来的投资者高。虽然平时可能只是不到1%的变动，对于债券类的投资还是"有感"的。

2018年，小富在年初时就经常建议客户买较长期限的理财产品。小富这样建议的逻辑就在于，在经济遇到困难时央行往往会采取宽松的货币政策（放水），市场利率就会下行，理财产品的收益率也会随之下行，期限短的理财产品将会面临"再投资风险"。比如：90天的理财产品，原来收益率是4.5%，但90天到期时，由于市场利率降低了，理财产品的收益率也降低了，就只有4%了，这样就不如直接买180天、收益率为4.8%的理财产品划算，甚至180天、收益率为4.5%的理财产品也会更划算。

其三，理财产品与其他投资品之间的替代关系。理财产品在某种程度上与国债、银行存款、货币基金这些安全度较高的投资方式是具有竞争和替代关系的。在市场利率上升时，国债和货币基金的利率一般都会水涨船高。存款利率是否会提升，在以前固定利率的时代，要看中国人民银行有没有提高存款基准利率。现在就不一样了，大额存单的面世也宣告了存款利率市场化的来临，从上浮10%到上浮40%，存款的利率方面商业银行可以有一些自己的想法了。

当国债、存款和货币基金的收益率都在提高，而当理财产品的投资收益率本身也在提高时，给投资者的收益率没有理由不提高。这也存在一个博弈关系，因为理财产品在收益率方面本身比存款利率就有一定优势，市场利率提高后，如果理财产品的收益率不变动，这种优势可能会缩小。这时候，如果所有银行都不调高理财产品收益，大家可能也会接受。但由于各家银行间本身就是竞争关系，银行就有动力调高理财产品收益。如果某一家银行调高了收益，而其他银行没有调整，投资者的资金就会哗哗地流向这家调高收益的银行。为了稳定自家银行的理财资金不流失到其他银行，其他银行也都会相应调高理财产品收益，既然知道会是这样的结果，当然是晚调不如早调了。所以我们会看到，在利率上升时，各家银行几乎都是第一时间调高了理财产品的收益。

自从大额存单面世后，存款的利率在不停地往上升。过去的10年，大家基本上都在不断地把存款转成理财产品，这两年大额存单的利率跟理财产品的收益率相差不大时，还是有不少的客户把理财产品又转成存款。大额存单一般是两三年的，期限要比理财产品长得多，但在大家的心目中，存款的安全度肯定还是高于理财产品的。同时，在未来利率不确定而且有较大可能是继续下行的情况下，锁定长期的收益对不少的人来说也是一个比较好的选择。

2. 理财产品与期限为正比关系

一般来说，同一系列的理财产品，期限越长，收益会越高。这不是理财产品所独有的，而是在固定收益类投资中普遍存在的。比如：一年期的存款利率是1.5%，两年是2.1%，三年是2.75%，当然这里的比率都是年利率，也就是1万元存两年，每年都会有210元的利息收入，两年就会有420元的利息收入。若存一年期的话，连续存两年，每年是150元、两年300元的利息收入。如果能一次存够两年，当然是直接存长期限要划算得多。

我们知道，在正常情况下，收益与风险是匹配的。收益率越高，风险就会越大。当然，这个风险是比较宽泛的概念，并不是单单指本息可能受损的信用风险，还包括无法及时变现的流动性风险和无法进行有效再投资的"再投资风险"。

对于一项投资来说，时间越长，未来的不确定性会越大，即便是在几个月的时间内，理财产品的信用风险发生变动的可能很小，但也并不是完全没有风险。当然，影响更大的会是流动性风险和再投资风险，能够及时变现就是一件好事，万一哪天急需用钱呢，我们会发现，如果收益率相同的话，短期限的理财产品往往会比长期限的理财产品更受欢迎，甚至大家还有种"占了便宜"的感觉。如果能够及时变现，未来我们发现有更多投资机会的时候就能够及时地进行调整，而不至于眼看着机会从自己的身边溜走。

对于固定收益类投资来说，收益率与期限是有一些相对稳定的关系。在专业投资方面，人们使用一种叫"利率期限结构"的图表来表示收益率与期限之间的关系。横轴是时间，单位是年；纵轴是收益率，单位是%。下图就是国债的利率期限结构图。从图中我们可以看到，正常情况下，期限越长，收益率越高；而且时间越短，曲线越陡峭，意味着对期限越敏感。比如说，三年期收益率比两年期收益率高0.13%，而21年期收益率比20年期收益率仅高了0.01%。对于可以投资20年的投资者来说，只需要提高一丁点儿的收益率就会愿意再多投资一年，而对于更愿意投资一年的投资者来说，再多投资一年时间增加了不少，要增加很多的利息才会愿意。大家或许有类似的感觉，当工资从2000元提高到4000元的时候，可能会兴奋好几天，而工资从1.5万元提高到1.7万元的时候，或许只会高兴一会儿。我们或许会看到一年期的理财产品收益率和11个月期的收益率基本差不多，而两个月期的收益率则比一个月期的收益率高不少。

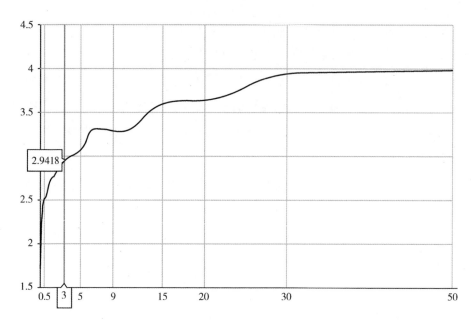

注：来源于中债信息网，2019 年 5 月 31 日。

国债利率期限结构图

很多人也确实在理财产品投资过程中遇到了中途需要使用资金的问题。为了解决这个问题，不少银行推出了"可质押"的服务，在理财产品的运作周期内，如果遇到需要使用资金的情况，可以通过将理财产品质押的方式来弄到资金。这样既弥补了中途急需用钱而将其放在活期存款里，只能享受低利率的遗憾，又解决了要用钱的时候能够及时到位的难题。

既然"期限越长，收益率越高"的前提中有一个"正常情况下"的条件，那么必然就会有一些非正常的情况了。

一般来说，非正常的情况往往会发生在一些特殊的时间点，也往往只是暂时的，一般不会持续很长时间。比如说，到了季末的时候，为了便于对接存款，一些短期的产品反而可能会比长期的收益率高一些。这种现象过去一度受到监管部门的注意，从而对理财产品刻意去对接季末存款这样的事情，查得比较严，所以现在这种情况越来越少了。

　　另一种常见的情况是，利率可能会发生变动时，许多人预期未来不久中国人民银行会大概率降息，长期限的产品如果给投资者的收益率太高，银行就有可能会产生投资亏损。所以，银行会更倾向于引导大家购买短期限的理财产品，控制自己的风险。当然，降息后，理财产品的收益自然也就会随之降低。如果确是如此，我们可以看到，我们买的短期理财产品收益高，但到期后再买收益率就下降了，很大可能是比原来较长期限的理财产品收益还要低一些，这样购买短期限的高收益理财产品并不一定比原来直接买较长期限的理财产品更划算。

　　3. 银行理财产品类型

　　理财产品也有很多种分类，或者说是分了很多个系列。不同的类别，投资的方向和管理方式会有一些区别，这样会影响到投资的收益，所以不同类别的理财产品收益还是会有较大的差异。对于一般的投资者来说，资产的背后管理我们很难看清楚，也很难看得懂。不过一些比较好懂的分类，其实是可以帮助我们进行辨别的。

　　固定期限的产品会比开放式产品收益高。固定期限理财产品和封闭式理财产品是一样的概念，投资者是不能提前赎回的，只能等到期限结束才能获得本金加收益。开放式理财产品一般在银行工作日可以自由赎回，不少银行都有可即时赎回的产品，资金能即时到账，基本上可以作为活期的替代了。在活期存款利率只有 0.35% 的情况下，这样能即时赎回的理财产品能有 2% 左右的收益足够让不少人欣然前往，而 90 天固定期限的理财产品则可能需要 4% 左右的收益才会被投资者普遍接受。

　　需要提醒大家的是，银行的开放式理财是否处于开放期，是按照"银行工作日"或"法定工作日"来算的，而不是"证券交易日"。比如说，因为春节放假调休，某个周日是"法定工作日"，大家是要上班的，银行也同样是要上班的，这一天就算作"银行工作日"。但又因在周末，股市是不开盘的，所以对于开放式理财产品来说就是开放日，当天可以进行赎回，而对于开放式基金来说这一天是非开放日，这一天赎回的话就会顺延至最近的工作日进行处理。

净值型理财产品的收益，一般要高于报价式理财产品。资管新规细则确定后，目前不少的银行既有净值型理财，也有原来的报价式理财。净值型理财的意思是说，投资实际赚了多少钱就给投资者分多少钱，有可能高于、也可能低于业绩基准。这也许会让投资者心里有点不踏实，不过如果我们细心去看就会发现，净值型理财投资下来反而会比原来的报价式理财产品收益更高。这是因为，原来的报价式理财产品银行是要承担一定风险的，银行自然会为自己留存一定的收益用作弥补可能出现的亏损。既然现在净值的风险是由投资者自己承担了，银行也就没有理由再留存这部分的收益了。以前还有一些保本保收益的理财产品，收益要比浮动收益的产品低不少，也是相同的道理。

4. 美元理财产品收益率一般低于人民币理财产品收益率

除了人民币理财产品，还有一些外币理财产品，其中以美元理财产品最为常见，有时也会有欧元等其他币种。如果你知道人民币存款利率远高于美元的存款利率，这个道理就不难懂了。贷款的利率也是如此。美元理财产品的收益率比人民币理财产品低就是很自然的事了。美元的理财产品是要先把人民币兑换成美元，再去买理财产品，理财产品到期后，回到账上的资金也是美元，如果想要人民币，还需要自行兑换。

或许有人会费解：这种兜了一圈，最后的收益率还不如人民币理财产品，何必呢？实际上，大家购买美元理财产品的逻辑更多的是认为美元兑人民币可能会升值，或者不久之后需要使用美元。提前兑换了，与其把它放在活期的账上，不如购买美元的理财产品增厚收益。美元理财产品相对人民币理财产品来说，除了理财产品预期的收益率外，还有汇率变动的因素在里面。比如说：人民币理财产品年收益率是5%，而美元的理财产品年收益率只有2.5%。当美元兑人民币的汇率上升了4%，这时候若不考虑汇兑的费用，美元的投资换人民币，年收益率就是6.6%，比买人民币理财产品更划算。这样做就有个平衡点的问题，以上面例子来说，人民币理财年收益5%，美元理财年收益2.5%，在未考虑汇兑费用的情况下，这个平衡点就是2.44%，也就是说，如果美元兑人民币升值在2.44%以上，美元理财收益就会更高，升值在2.44%以下（包含贬值），则人民币理财更划算，在外币理财中，汇率可能的变动是一个需要考虑的重要因素。

一般情况下，汇率的变动是很难预测的。外币和外币理财产品的投资，更多的应是从风险规避的角度来考虑，而不是单单从收益的角度来考虑。

5. 购买起点高的产品收益可能高一些

不少人可能会注意到，很多银行都会有"贵宾专享""私行专享"的理财产品，收益率会明显高于一般的理财产品。

高端客户对银行的贡献比较大，对于市场化的理财产品来说，这部分客户获取更高的回馈也在情理之中。同时，这些高端的产品可能会投资部分信托类产品，投资收益自然就会高一些。由于单个高端客户的投资金额都比较大，银行募集资金的成本（很多时候是人力成本）也就比较低，给这部分客户高一些收益，银行也是愿意的。所以，起点高的理财收益高一些也是一种正常的经济现象。

6. 小银行的理财产品一般收益要高一些

经常买理财产品的人或许会注意到，一般四大行的理财产品收益要比其他银行的低一些。从投资方面来看，中小银行在风控方面比大银行宽松一些，经营投资风格更加激进、杠杆可能更高，信用评级较低的债券也可以进行投资，产品的投资收益自然会高一些，这应该是一个比较根本的原因。从另一个方面来看，小银行因为在吸收客户资金的能力上存在着和大银行不可相比的劣势，理财产品一定程度上有银行的信誉来做隐性的背书。对于"信如黄金"的银行业来说，大银行自然有着小银行不可比拟的"信任优势"。大银行只需按照自己认为较为安全的方式来管理理财产品的资产，而小银行则必须想办法将收益高于大银行的收益才能吸引客户。

当然，风险更高并不等于风险一定会发生。小银行也可能会通过加强对资产的细化管理等方式，在获取较高收益的同时又尽可能控制好风险，但这可能需要付出更大的人力成本。同时，由于有隐性刚兑的存在，在银行经营不出现重大问题的情况下，资产的高风险更多的是由银行来承担了，并不一定是由客户最后买单。过去若干年一直如此，相当一部分人喜欢到小银行买更高收益的理财产品也是基于这样的现实。

除了银行间的差异外，一般的证券公司或保险公司的理财产品的收益都会比银行的理财产品收益高一些，这也是以上两个原因所致。一方面是投资范围和投资风险偏好的差异，另一方面是发行者资信状况的差异。这就需要我们在购买理财产品时，实际上并不是单纯地比收益的高低，而是在收益与风险之间寻找一个最佳的平衡点。

理财产品未来会走向何方？

在过去的数年，理财产品在各自的天地里肆意地发展，银行、券商、基金、信托等各有各的一套规范，同样的投资由不同的人操作，受到的政策约束就不一样，一时间"用别人的鸡下自己的蛋"的"通道业务"甚嚣尘上。这种"通道业务"就类似于牌照挂靠，有牌照的公司可以"躺赚"一笔"通道费"，而"借道"的公司也可以去干本来自己不能干的事。乱象环生的背后，是投资者可能蒙受巨大的损失，国家金融系统会出现重大的风险。

2018 年 4 月 27 日，中国人民银行、中国银行保险监督管理委员会、中国证券监督管理委员会、国家外汇管理局联合发布中国金融史上的重磅新规——《关于规范金融机构资产管理业务的指导意见》，也就是金融圈里无人不知无人不晓的"资管新规"，凡是资产管理类业务，不管是银行、证券公司还是基金公司，都要进行规范，以前的种种监管套利、产品多层嵌套、刚性兑付、规避金融监管等问题，一概限时整改。

"资管新规"之后，银保监又出台了"理财新规"，是按照"资管新规"的框架，针对理财产品进行了进一步的细化，这也为理财产品未来的发展方向定了调。

理财产品的购买起点要变了。以前，理财产品一般是 5 万起买，以后就会分成公募和私募理财产品。公募的理财产品起点会很低，可以 1 万起买，大家基本上都可以买而且"买得起"，也不受购买人数的限制。私募理财产品则只有具有一定投资经验和满足资产要求的"多金人士"才能买，购买起点会根据产品的类型来确定，比如固定收益类的就需要 30 万起，而且 1 只产品只限 200 人购买。

理财产品也可以投股票了。以前的理财产品基本都是投债券的，以后的理财产品就比较全能了，债券、股票、期货、外汇都可以投了。理财产品再不是原来"保本保收益"的了，而是像基金一样，会有多个面孔了。会以 80% 作为比例判断，分为固定收益类产品、权益类产品、商品及金融衍生品类产品、混合类产品。对于银行来说，大概率会以不同的产品系列来做不同类别的产品，在购买的时候，要问清楚这个系列产品的投向和收益风险情况，不能见了理财产品就闭着眼睛买了。

理财产品的收益也不固定了。新规明确要打破"刚性兑付"，"非保本浮动收益"不再只是字面上的，而是实实在在的了。采用净值化管理、收益随市场波动的产品越来越多。原有的收益固定产品的数量在逐步地变少，按照监管部门的要求，将会在 2020 年全部终结。这就意味着，收益固定的有银行隐性担保的报价式理财产品将很快退出历史的舞台。以后买理财产品，即便是投资于固定收益类资产的理财产品，收益波动也会是常有的事。当然了，各家银行也会在过渡期尽量让大家更易接受净值化的产品，尽可能采用持有到期等策略，使产品的实际收益更符合大家的预期。

定开式产品将会大量涌现。短期限的产品管理起来难度非常大，为了解决客户资金和投资之间的问题，不少银行采用了定开产品的模式，相当于自动续期的多个封闭式产品，但是它更加灵活，这样既可以拉长负债期限以摊余成本法来配置非标资产，又可以以市值法来配置债券等标准化资产。

理财子公司将打破原来的"专属范围"。2018 年 12 月，中国银行、建设银行获批设立理财子公司。2019 年 1 月 4 日，农业银行、交通银行理财子公司也同时获批。随后在 2 月 17 日，中国银保监会发布公告称，正式批准工商银行设立理财子公司，并已受理多家商业银行申请，其他多家银行也拟提交申请。银行理财子公司的成立，意味着银行理财产品管理的专业化经营，与银行其他业务相分离。以前，你在建行只能买到建行的理财产品，在农行只能买到农行的理财产品，而不久的将来，你在同一家银行可以买到任何一家的理财产品。各家理财产品的对比会更方便，选择的余地会更大，也不用再把钱在各家银行转来转去了。

应该如何选择银行理财产品，这确实是很多普通投资者面临的一大难题。也许有人说，应该选择期限较长的理财产品，因为收益较高。这貌似有些道理，但收益率绝不是唯一标准，还需要从流动性需求、安全性等角度来考虑管理的机构、资产投资的方向、产品的结构等因素，甚至要考虑一下资本市场未来可能的趋势。选择理财产品需要动更多的脑筋，不能只看哪个收益高就选哪个。

第四节
简单实用的债基投资法：高收益就这么简单

既然债券基金的收益也是有波动，那么债券基金的投资还是要讲究方法，不能乱投，不能盲目投，小富就总结了一些债券基金的投资经验。

各类债券基金年收益情况表

年份	一级债基	二级债基	中长期纯债
2009 年	4.28%	5.49%	1.02%
2010 年	8.16%	6.84%	3.76%
2011 年	−1.90%	−3.22%	2.60%
2012 年	7.84%	6.60%	5.00%
2013 年	1.15%	0.42%	1.01%

续表

年份	一级债基	二级债基	中长期纯债
2014 年	16.85%	26.72%	12.59%
2015 年	10.70%	14.44%	10.39%
2016 年	0.95%	-1.61%	1.61%
2017 年	1.14%	2.55%	2.41%
2018 年	4.77%	0.31%	5.98%
平均收益	5.39%	5.85%	4.64%
最高收益	16.85%	26.72%	12.59%
最低收益	-1.90%	-3.22%	1.01%

注：数据来源于万得资讯，丰丰整理。

上表是一级债基、二级债基和中长期纯债近 10 年的平均收益情况，从这个数据，我们很容易得出这样的结论：

1. 纯债基金本金的安全度还是挺高的，只不过每年的收益还是会有波动，具有明显的周期性。

2. 二级债基比纯债平均收益要高一些，但波动也会更大一些，会受股票市场的影响。

由于债券要还本付息，债券的周期也就比较短，一般为 2 到 3 年的时间，所以债券投资的话，抄底是很容易的。只需要在过去 1 年债券基金收益比较差的年份去投资就好了，但上年如果债券投资收益比较高的话就最好回避。踩准了这样的投资节奏，投资收益就会大幅提升了。

巴菲特不是有句名言么：在别人恐惧的时候贪婪，在别人贪婪的时候恐惧。这就是所谓的逆势投资。也就是我们常说的：低买高卖。用小富自己的话说，就是当别人"亏得底裤都没有了"的时候，就是"抄底捡钱"的好时机了。对于债券基金投资来说，更是如此。

当然，不同的债券基金收益也会有很大的差异。我们既然是要做投资，当然就应该好好地选一选。

筛选基金也是一项非常专业的"技术活"，不仅是收益要比较靠前，更重要的是每年的收益要比较稳定。比如说某中长期纯债，成立以来的年化收益是 8.89%，比理财产品收益高出不少，在遇到债市熊市的时候，也有两三个点的收益，遇到债市牛市的时候能有 10 多个点的收益。某二级债基的年化收益高达 13%，超越了不少股票型基金的收益水平，同时还没有股票型基金那么高风险，股市最不好的时候也只亏损了 2 个点左右。"短融"就是我们前面说的短债基金，年化收益也有 4.82%，几乎秒杀所有的货币基金，前几年很多人喜欢把钱放在余额宝这样的货币基金里，殊不知短债基金对于短期资金来说或许是更好的选择。

第六章

稳中有进：有期盼有底线

"下有底、上有空间"是很多人的期
盼。但要看清楚向上的空间是真有还是只
是空中楼阁，别把投资搞成了"买彩票"。

　　小富是个勤学好问的孩子。自从走上理财岗位后，感觉每天都充满了正能量。从梅姨的豹纹猫跟鞋到特朗普的推特，从伊朗的石油到美国的玉米，从中国人民银行的降准到美联储主席鲍威尔的发言，从 A 股到美股、港股，从债券、黄金到原油……都是小富关心和学习的内容，小富也养成了记笔记的好习惯，多年积累下来，竟有不少的心得。小富很喜欢苏格拉底的这个故事：古希腊大哲学家苏格拉底在开学第一天对他的学生们说："今天你们只学一件最简单也是最容易的事儿，每人把胳膊尽量往前甩，然后再尽量往后甩。"说着，苏格拉底示范做了一遍："从今天开始，每天做 300 下，大家能做到吗？"学生们都笑了，这么简单的事，有什么做不到的？过了一个月，苏格拉底问学生："每天甩手 300 下，哪个同学坚持了。"有 90％ 的学生骄傲地举起了手，又过了一个月，苏格拉底又问，这回坚持下来的学生只剩下了 80％。一年过后，苏格拉底再一次问大家："请告诉我，最简单的甩手运动，还有哪几个同学坚持了？"这时，整个教室里，只有一个人举起了手，这个学生就是未来的大哲学家柏拉图。柏拉图之所以能成为大哲学家，其中一个重要原因就是柏拉图有一种坚持不懈的优秀品质。

　　在投资方面也是如此，对于一个金融从业者来说，世界每时每刻都在发生着重大事件，只有不断地学习，才能够为大家提供最佳的理财方案。

第一节
有点复杂的挂钩类产品：下有保、上可高

小富的笔记：挂钩型产品，没有表面那么简单。

如果你是一个既想本金安全又想搏一搏高收益的人，那么，恭喜你，你不用再纠结了，挂钩型产品是非常符合你的。

一般的挂钩型产品会有一个比较低的收益保障（一般是保本或比理财产品低的收益率），在达到某种条件时，会按照较高的收益率来计算收益，这个高的收益率一般可以达到普通理财产品收益率的 2 倍或以上，对大家来说是非常有吸引力的，很多人跃跃欲试。当然，这当中有的人是幸运的，有的人是不幸的，因为这类产品的收益完全市场化，拿到低收益是完全正常的。所以，想要买这类产品的人，一定要把下文的内容全部看完，以免产生误解，买错产品如同"吃错药"，后悔往往来不及了。

这类产品是将本金的大部分通过投资银行存款、银行理财产品等固定收益类、收益确定性大的资产，来获得较为稳定的基础收益，剩余资金（一般是小于固定收益类资产所产生的利息）则投资于期权。比如说，有 1 亿的资产，预计将产生 200 万的利息，就从资金中拿出 100 万买期权，即便这 100 万期权的投资全部收不回来，也还有最低 100 万的利息。如果期权投资赚了 500 万，那么我们产品的利息就有 600 万，收益率就会大幅提升。当然，如果期权投资不成功，投资者也没有赔钱，只是本可多获得的 100 万利息打了水漂。

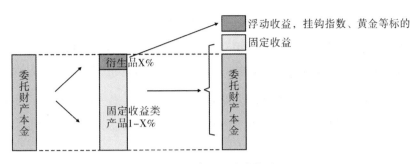

收益结构化产品收益结构图示

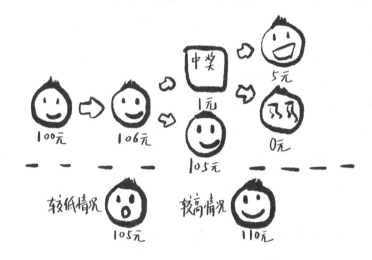

可能很少有人注意到，这类产品能够实现"保底收益"的前提，是固定收益类投资部分能够按时足额收回本息。"刚性兑付"也是行业的一个"潜规则"。但随着资管新规的深入人心，打破刚兑是一个必然的趋势，就连银行的存款都可能会有兑付的问题了，所以这类产品还是要看底层是买的什么资产，即便我们无法准确判断，多了解一下心里也会更有底一些。

期权收益取决于挂钩标的以及提前确定的收益规则，具有以小博大的特性。所谓"期"就是未来的，所谓"权"就是一种权利，但这种"未来权利"的获利是得付出成本的，也就是"期权费"，要先付费才有权利。按照约定，未来出现对自己有利的情况时，就可以选择"行使权利"，简称"行权"，对自己不利时，就可以放弃"行使权利"，这样最大的损失就是"期权费"没了，也没有获得相应的回报。用"买彩票"来形容再形象不过了，买了彩票，中奖了就可以选择去兑奖，没中奖损失的是买彩票的钱，但不会倒赔，这就是期权的魅力。不过，也如同买彩票一样，损失"期权费"的可能是远远大于"行权"而获得高收益可能的，抱着"买彩票"的心理是一个比较正确的心态。

挂钩标的一般要设定一个公开的、大家都可以看得到的指标。一般挂钩标的可选范围很广，包括股票指数、单一股票、债券指数、汇率、利率、商品等。常见的股票指数如境内成熟的宽基指数（如沪深300指数、中证500指数、中小板指数、创业板指数等）、香港股指（恒生指数等）、美股指数（道琼斯工业指数、纳斯达克指数、标普500指数）等都是大家比较熟悉的，这些指数都是这类产品比较喜欢去"挂"的。"挂"大家熟悉的指数的最大好处就在于公众接受度会比较高，"价格公允"，达到什么条件对应什么样的收益，大家都不会"扯皮"。这样大家也就乐意买。

期权可以灵活地反映投资人对市场的预期。常见的期权投资收益结构有：二元结构、简单看涨结构、价差结构、区间计息结构、鲨鱼鳍结构等，看起来似乎有点复杂，但看懂了以后买这类产品就心里有数了。一般一个产品发行的时候会确定一种结构及收益区间，看了以下的原理介绍及举例阐述，对于这类产品，就可以应用自如了。

第一类：二元结构。

这类结构的准确表述是这样的：若期末挂钩标的涨幅大于等于X%，年化挂钩收益率为A%；若期末挂钩标的涨幅小于X%，则年化挂钩收益率为B%。

有点拗口是不是？那我们就举个实例。

以挂钩黄金价格的数字结构为例，假设X＝0，A＝7，B＝1，若期末黄金价格涨幅达到0%及以上，则年化挂钩收益率为7%；若期末黄金价格涨幅未达到0%，则年化挂钩收益率为1%。

用图来表示就更直观了：

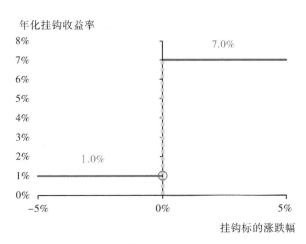

二元结构收益示意图

这个方向，虽然我们是用上涨来举例的，买下跌期权也是可以的。也就是说，若我们方向判断正确了，就能够获取高的收益。一般也称为"看涨"或"看跌"，如果认为未来收益是会上涨的就买"看涨"的产品，如果认为未来是下跌的就买"看跌"的产品。有些人可能会看到一些产品，在挂钩的标的下跌的时候反而会获得一个比较高的收益，就是这样的原因。实质上，关键在于挂钩标的的涨跌方向跟你选择的是一致的，而不在于挂钩标的是涨还是跌。当然，如果最终的结果跟你选择的不一致，就会损失相应的"期权费"，就只能获得一个比较低的收益了。

所以，如果投资者认为自己看得准市场未来的方向是涨还是跌，但涨跌幅的大小难以判断的话，就可以去买这一类的产品。

第二类：简单看涨结构。

简单看涨结构的标准表述是这样的：若期末挂钩标的的涨幅小于等于X%，年化挂钩收益率为A%；若期末挂钩标的的涨幅大于X%，年化挂钩收益率＝

A% ＋B%×（挂钩标的涨幅－X%）。

举个例子：以挂钩中证 500 指数的 6 个月期限简单看涨结构为例，假设 X＝0，A＝2，B＝30。若挂钩标的涨幅为 20%（即大于 0%），则年化挂钩收益率为 2%＋30%×（20%－0%）＝8%；若挂钩标的涨幅为 -5%（即小于 0%），则年化挂钩收益率为 2%。

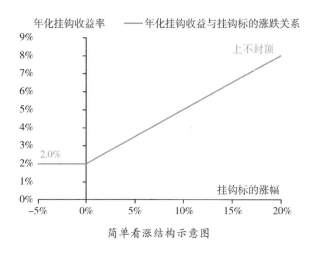

简单看涨结构示意图

这类结构比单纯的二元结构就多那么一点点变化了，收益不是简单的一个数，而是要根据最后挂钩的标的数据来计算。

当然，这个"上不封顶"更多是理论上的，因为公式中的 B 可以足够低。如：B＝10%，市场上涨 50%，相应的也只是 5%，所以，即便"上不封顶"也不会高得离谱的，一般也在我们常见的收益率范围内。

如果投资者极度看好未来市场的表现，认为未来的市场是"涨涨涨"的，就适合买这一类的产品。

第三类：价差结构。

价差结构的标准表述是这样的：若期末挂钩标的涨幅小于 0%，年化挂钩收益率为 A%；若期末挂钩标的涨幅在 0%～10% 之间，年化挂钩收益率＝

A% +B% ×挂钩标的涨幅；若期末挂钩标的涨幅大于 10%，年化挂钩收益率
为 C%。

跟前面的两种结构相比，这种结构的结果更多元化。我们再举个例子来
看，以挂钩中证 500 指数的 6 个月价差结构为例，假设 A = 3，B = 31.5，C =
6.15。若期末挂钩标的涨幅小于 0%，则年化挂钩收益率为 3%；若期末挂钩标
的涨幅等于 6%（即介于 0% ~ 10% 之间），则年化挂钩收益率为 3% +
31.5% ×6% = 4.89%；若期末挂钩标的涨幅大于 10%，则年化挂钩收益率
为 6.15%。

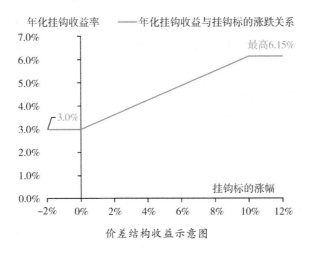

价差结构收益示意图

虽然我们是用上涨的例子来说明，但买下跌期权也是可以的。同时，由
于价差是一个区间，这个区间也是可以灵活变动的，比如（ - 10% ~ 10%）
这样完全是可以的。这类产品的收益结果可能会有三种情况，如果超过了某
个临界值，就会有个最高的收益；如果落在区间内，就会有一个区间收益；
如果未达到相应的标准，则会获得一个比较低的收益。

这样的话，最终的结果可能会有多个了，同时最高收益会"封顶"。但
能够到达这个"封顶"的收益的可能也是非常小的。

如果你对未来市场相对乐观，认为会有慢牛行情出现，就比较适合购买这一类的产品。

第四类：区间计息结构。

区间计息结构的标准表述是这样的：设定在产品观察期内，挂钩标的收盘价在期初收盘价×［103%，105%］之间的交易日天数为 M1，挂钩标的收盘价在期初收盘价×［105%，110%］之间的交易日天数为 M2，挂钩标的收盘价大于期初收盘价×110% 的交易日天数为 M3，交易日总天数为 N，即：年化挂钩收益率 = A% × M1/N + B% × M2/N + C% × M3/N。

我们再以挂钩黄金区间计息结构来举个例子，假设：A = 5，B = 8，C = 10，观察期间内交易日的天数为 120 天。如果挂钩标的收盘价在期初收盘价×105% 以内的天数为 30，M1 = 30，M2 = 30，M3 = 30，则年化挂钩收益率为：5% ×30/120 + 8% ×30/120 + 10% ×30/120 = 5.75%。

区间计息结构的图是这样的：

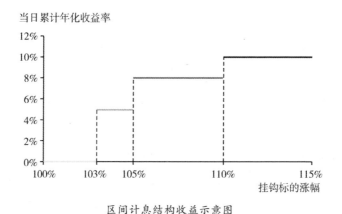

区间计息结构收益示意图

这种结构实际算起来确实是比较复杂的，也容易把人看晕。重点关注适用的市场情况可能会更简单明了一些，毕竟温和上涨或者高位震荡这样的行情也是很常见的。

如果认为未来市场会温和上涨或是高位震荡的行情，就比较适合购买这一类的产品。

第五类：鲨鱼鳍结构。

看懂了前面几种相对比较简单的结构，我们就来一类更有意思但相对要复杂一些的产品。虽说有一点点复杂，但是很常用，所以是非常重要的一种结构。

鲨鱼鳍结构的标准表述是这样的：设定障碍价格为挂钩标的期初收盘价×X%，在产品观察期内，若某一交易日的挂钩标的收盘价大于障碍价格（即突破障碍价格），则年化挂钩收益率为 A%。若所有交易日的挂钩标的收盘价均小于或等于障碍价格（即未突破障碍价格），同时最终观察日挂钩标的收盘价大于或等于期初评价日挂钩标的收盘价×Y%，则年化挂钩收益率为"B%×（挂钩标的最终观察日收盘价/挂钩标的期初观察日收盘价－Y%）＋C%"。若所有交易日的挂钩标的收盘价均小于或等于障碍价格（即未突破障碍价格），同时最终观察日挂钩标的收盘价小于期初评价日挂钩标的收盘价×Y%，则年化挂钩收益率为 C%。

真是有点绕，我们还是举例来说明吧。以挂钩中证 500 指数的单边鲨鱼鳍结构为例，假设 X＝110，Y＝100，A＝4.05，B＝58，C＝4.05。障碍价格为挂钩标的期初收盘价×110%，若产品观察期内有一天挂钩标的收盘价突破障碍价格时，则年化挂钩收益率为 4.05%。未突破障碍价格时，若期末挂钩标的涨幅为 4%（即最终观察日挂钩标的收盘价大于期初评价日挂钩标的收盘价×100%），则年化挂钩收益率＝58%×4%＋4.05%＝6.37%；若期末挂钩标的涨幅小于 0%（即最终观察日挂钩标的收盘价小于期初评价日挂钩标的收盘价×100%），则年化挂钩收益率为 4.05%。

图是下面这样的：

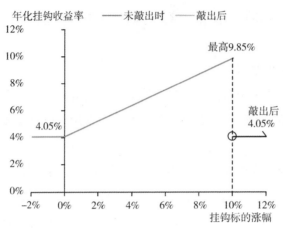

鲨鱼鳍结构收益示意图

很多人乍一看觉得这类产品太好不过了，但这个图无法把在观察期内的"任一天"都可能"被敲出"的意思表达出来，实际上"被敲出"的概率是很大的，获取最低收益的概率达到80%～90%，抱着能够接受最低收益的心态才能去买这类产品。

这类产品的最低收益、敲出收益和最高收益之间还是一个跷跷板的关系，在其他条件确定的情况下，这三个收益可以相互调（当然不会是同比例），比如说，可以把最高收益降低3%，把敲出时的收益提高0.5%。

如果投资者认为未来市场会上涨，但涨幅有限，就可以选择最高收益较高，敲出收益较低的产品；如果你认为未来市场可能是一波脉冲行情，就可以选择敲出收益较高而最高收益较低的产品。

上面几种产品的种类除了形态上的不同外，期权费的贵和便宜往往容易被大家忽略，实际上期权费也是每天都在变化的。比如，在持续上涨行情中，看涨期权一般就比较贵；看跌期权就会比较便宜。从期权的类别来看，简单看涨的期权一般就要比鲨鱼鳍结构的期权贵得多。鲨鱼鳍结构之所以很多人喜欢，背后的原因在于期权费"便宜"，最终的收益空间看起来很有吸引力。在投资时，千万不能被表面现象所迷惑，不能只是盯着高收益，也不要幻想一定能够拿到高收益，更专业的话还可以去分析下能够拿到高收益的概率，不管是鲨鱼鳍结构的最高收益还是简单看涨的"上不封顶"，更多的是一种噱头罢了。

期权的交易目前还是以场外为主，各大证券公司是主要的卖方，要买的资产管理公司可以去询价，每天价格可能都会不一样。所以，这类产品实际上还有一个大家不太关注的风险，就是行权的时候证券公司会不会违约。当然，这方面的风险目前一般比较低，资产管理公司会把关，作为个人投资者不用过多地去关注这个风险。

对于投资者来说，关键是要认清各个类别适合的市场情况，结合自己对未来市场的判断来做选择。再提醒一次：投资这一类的产品要抱着"最低的收益要能接受，最高收益当'彩票'"的心态。

最近某银行出了一款新型的黄金产品，收益非常诱人，不管黄金的涨跌，都会有固定的6.54%（年化）收益，远远超过一般的理财产品。如果黄金上涨，还能够获取黄金上涨的收益，最高收益可达12.54%，该产品一出来立即引起大家的广泛关注。

在银行理财收益率普遍还在4%的情况下，给出客户这么高的收益，这不明摆着亏钱么？

当然，也有一些比较谨慎的人在质疑：会不会有什么坑？风险与收益匹配是投资界的"定理"。对此，大家也有不少的看法，经过小富的仔细研究，发现这个产品还真的有"坑"，而且这个坑还不少。

坑在哪儿？

首先，黄金价格如果上涨的话，只有涨幅在1%以内的才归投资者，涨幅1%以上的部分就跟投资者没有关系了，相当于封死了投资者向上的盈利空间。超过1%部分的收益就跟投资者无缘了，是不是挺亏的？

其次，如果亏损，可就不存在亏损"封顶"，虽然投资者拿了实物黄金，但实际上相当于黄金的亏损100%由投资者承受了。与收益向上有"封顶"相比，明显存在收益与风险不匹配的问题。

最后，保底的 6.54% 能有多大作用？跟一般理财产品相比，年化 6.54% 的收益是很有竞争力的，但与黄金的波动比起来就是杯水车薪了，完全起不到抵抗的作用。6.54% 的年收益，折算到 2 个月的期限实际收益率只有 1.09%，黄金跌起来可能一天的跌幅都抗不住，当然也就不会有吸引力了。所以行业内也会经常用年化收益来标识固定收益类产品的收益水平，但涉及风险较高的投资，一般会直接采用实际收益率，而不会采用年化收益的标识方法。

小富还对过去 10 年的数据进行了回测，即便加上 6.54% 的年化收益，可能也会让不少的人心里凉凉的。最近 10 年，金价经历了风风雨雨，应该是能够涵盖各种市场情况。按照伦敦金的交易时间，最近 10 年（2009 年 10 月 9 日至 2019 年 9 月 8 日），每 60 天作为一个投资周期的话，2526 个交易周期，平均收益为 -0.41%，这就意味着，这类产品如果长期投资的话，不仅不能拿到让大家心动的 6.54% 的年化收益，连本金都堪忧。最高实际收益是 2.09%，最低实际收益是 -16.85%，风险和收益完全不对称。以目前一般理财年化 4% 为标准的话，有 55% 的概率超过年化 4% 的收益，但有 40.42% 的概率会产生亏损。如果我们把年化 4% 的回报看作一个无风险收益的话，那么在承担了风险的情况下，我们投资者的实际期望收益还是个负值，这样的产品显然不是值得投资的"有效组合"，只能像"彩票"一样赌个运气。

不少的人也在疑惑：不管市场怎么变化，投资者总会有 6.54% 的固定年化收益，这个钱到底是谁给的？一般的银行理财产品，收益仅有 4% 左右，谁会出这个成本，按常理银行是不会出这么高的。那么，是黄金企业？相当于是给黄金企业做了融资？

当然，我们不是该产品的设计人员，这些只是我们的猜测。不过，我们越看这个产品越有点像期权产品。对，如果是一个期权产品会怎样？

一想到期权，我们的思路顿时豁然开朗了。但不同于我们看到的一般平时买的看涨看跌的期权，这个期权似乎更特殊一些。我们再仔细看，发现这个期权基本上与我们常买的看涨期权是反着来的。也就是说，向上的时候我们的收益是有限的，而下跌的时候我们的损失是无限的。对，你没有猜错，这个产品嵌入的是一个"卖出期权"，而我们投资者通过产品持有的是期权的"卖方"。

当金价上涨到 1% 以上的时候，我们的交易对方就会选择行权，从而上涨的收益都归了交易对手。而如果上涨幅度没有达到 1%，则我们的交易对手不会行权，这时候如果亏损的话，就全部由投资者承担。而我们的交易对手为了获取这样的权利，付出了 1.09%（年化 6.54%）的期权费。我们获取的固定收益实际上是收到的"期权费"，而付出的代价则是让渡了高收益。

我们的交易对手的收益曲线是这样的：

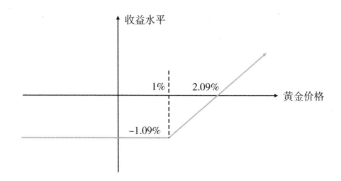

黄金涨幅在 1% 以下的水平，我们的交易对手的收益一直是 -1.09%，而黄金涨幅在 2.09% 时，我们的交易对手收益为 0；黄金涨幅在 2.09% 以上时，我们的交易对手的收益就是黄金的涨幅减去 2.09%。

从理论上讲，我们的交易对手的投资收益最低为 -1.09%，最高是可以无限大。是不是跟我们投资者的收益刚好是相反的？

实际上是如何呢？小富同样用近 10 年的数据进行了回测，结果如何呢？

我们的交易对手在每个投资周期（60 天）的平均实际收益是 1.34%，年化就是 7.04%，最低收益是 -1.09%，最高收益是 25.56%。收益超理财产品（4%）的概率是 46.48%，亏损的概率是 60.10%。

类别	投资者	交易对手
平均收益	−0.41%	1.34%
最高收益	2.09%	26.56%
最低收益	−16.85%	−1.09%
超理财收益概率	55.00%	46.48%
亏损的概率	40.42%	60.10%

第二节
成历史的保本基金：真的会保本

保本基金一度很火，在 2015 年"股灾"期间，只有明确"保本"的基金才卖得出去，保本基金成了"股灾"期间的明星。但当时的保本基金大多在两三年到期时也仅是"保本"而已，并没有给大家带来多少收益。投资是需要逆向思维的，第一眼看起来比较好的投资反而要当心些，小富认为仅仅保本是大家投资的底线，而不是真正的诉求。如果投资两三年只是保住本金，显然是违背了投资的初衷，因此保本投资也不是只要看到有"保本"二字就可以闭着眼睛乱投的。

由于资管新规"打破刚兑"的要求，保本基金已经退出了历史的舞台，以后再也看不到保本基金了，但采用"保本策略"的基金仍然会是一个独特的存在。这类基金我们还是有必要去了解的。

保本常用的投资管理策略称为"CPPI 策略"，全称为"恒定比例组合保本策略"，在这个基础上还衍生出了 TIPP 策略和 OBPI 策略，后两者与前者的区别就在于 CPPI 策略一直是以"保本"为目标，TIPP 策略会不断提高收益目标来锁定收益，OBPI 策略在原有的股债策略的基础上加入了期权投资。

保本基金都会采用保本的投资策略，它通过精细的计算来动态调整基金在安全资产（通常是存款、债券）和风险资产中的投资比例，同时会对风险资产进行监测，确保在保本周期内股票等风险资产产生的亏损不会超过存款等安全资产产生的收益，这样就可以实现保本周期到期时投资本金安全的目标，股票行情好的话，就有可能实现 10%、20% 这样的高收益，若行情不好，最差也就是没有收益，本金是不会受到损失的。很多人对于股票型基金投资心里没底，也有很多人"受过伤"，所以对"本金安全"非常在意。

这个策略有效的三个关键点：一是各类资产的比例得算好，并且要根据股票类资产的收益情况来动态调整这个比例。二是安全资产要收的利息能够按时足额收回来，安全资产一般是固定收益类资产，但并不是固定收益类资产都可以做安全资产。安全资产要能够按时收到足额的本息、市场波动要小，所以一般要去投银行的协定存款或者国债等安全度比较高的债券。虽然大家都认为银行的理财产品是很安全的，但由于这种"安全"是由银行的信用在"隐性担保"，一般的保本基金并不会去投银行理财产品的。三是保本基金还

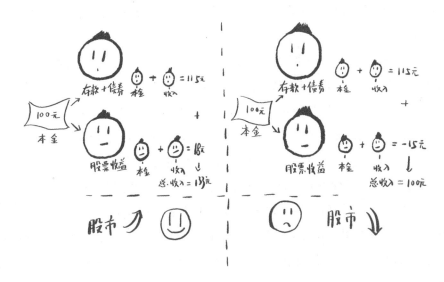

会有担保公司为这只基金进行担保，一旦没有实现"保本"，担保公司是需要拿出真金白银"补贴"投资者的，这相当于是最后一道防线了。这对从事这类业务的担保公司要求很高，目前国内有这样担保资格的公司数量也极少。

我们举个例子：假设我们有个 10 亿元保本基金，保本的期限为 3 年，我们的安全资产在 3 年内的收益率预计为 3%。

我们计算两类资产的比例：按照 3% 的年率，要在 3 年后得到 10 亿的本金，现在对于安全资产的投资比例就是 9.15 亿元，最高可以拿 0.85 亿元进行投资，即便是这 0.85% 全部亏光，我们到期后还是可以确保本金不受损。

当然，这只是费前的，在实际投资过程中，我们得考虑到管理费、担保费的情况，依靠这样的保守投资肯定是不行的。在实际投资中，可以通过控制风险资产亏损金额的方式来计算两种资产的比例，同时，比如股票的行情好，就可以进一步扩大股票资产的投资。

对于"保本"的诉求不是只有我们中国的老百姓有，"保本基金"也不是我们发明的。实际上保本基金起源于 20 世纪 80 年代中期的美国，是由伯克利大学两个金融学教授创造的，并于 1983 年被首次应用于投资管理运作实践中，一经面世就受到了广泛欢迎，从此发展迅速。现在在欧美、中国香港地区等金融业发达的区域均是一个独特的存在，在林林总总的金融产品中占有一席之地。

中国香港地区最早发行的一批保本基金是 2000 年 3 月推出的花旗科技保本基金和汇丰 90% 科技保本基金，封闭期分别为 2.5 年和 2 年。中国台湾地区在 2003 年 4 月推出了第一只保本基金。台湾证期会对保本基金规定了一系列的标准，如要求募集说明书充分揭示保本基金的性质与风险，明确告知保本基金的设定参数如保本率、参与率、投资期限等，以及担保机构的标准等。

内地的第一只保本基金是 2003 年发行的南方避险增值基金。当时并未直接以"保本"字样冠名，后续发行的保本基金名字中均有"保本"两字，至 2010 年底，内地累计发行了 9 只保本基金。该品类发展严重滞后于其他基金品类。2010 年底，经过 9 稿的讨论，证监会颁布了《关于保本基金的指导意见》，对保本基金进行规范。从制度上给保本基金正名，提供了政策基础，还从降低担保门槛、扩大保本基金投资范围和投资比例限制等方面着力拓宽保本基金发展渠道和外部环境。2011 年，当年共有 23 只保本基金上报，远超前 8 年，当年获批成立的保本基金共有 17 只。

实践证明，保本基金在 2008 年熊市及 2011 年的震荡市场中，较其他类别有明显的业绩优势，其资产组合较低的风险水平特征得到验证，充分体现了保本基金"优良抗跌性"的特征。自 2009 年 A 股市场出现小牛市过后，A股长年处于弱势震荡之中，股票投资长期缺乏赚钱效应，部分保本基金抓住机遇，通过债券资产的投资给投资者带来较为稳定的回报，受到了投资者的欢迎。在 2012~2014 年，基金公司竞相推出一系列保本产品，不少公司还将保本基金作为公司的一张"名片"。

2014 年，股债双牛的市场使保本基金迎来了业绩爆发期。2014 年上半年，债市的牛市使一些保本基金抓住机会积累足够的"安全垫"，随后股市的回暖也给保本基金的权益投资带来了"滚雪球"的好机会，加上打新的收益增厚，很多保本基金业绩都在 20% 以上，这让不少投资者慕名抢购。

到了 2015 年，时隔 8 年，A 股迎来久违的牛市，上证指数冲击 5000 点，在债券牛市中积累了"安全垫"的保本基金也顺势扩大了股票投资仓位，同年 6 月份以后，受降杠杆影响，A 股出现巨幅震荡，大部分股票型基金净值出现大规模回撤，但由于保本基金持仓中仍有大量的债券，"股灾"过后资金流入债券市场，保本基金相对损失较小，受到了大家的热捧，自 2015 年 6 月 1 日至 2016 年 6 月 1 日，共成立了 95 只保本基金，占总数的 63.5%，特别是数轮"股灾"后，市场风险偏好迅速下降，保本基金成为少有的能够继续受到银行渠道力推的产品，产品数量出现了"井喷"，一度到了担保公司都没钱担保的程度。存续的保本基金一度超过 151 只，资产净值超过 3000亿元。

投资往往就是这样，越是大热的，越容易出现不好的结果。由于 2016

年、2017 年债券走入熊市，保本基金大多没积累好"安全垫"，也没有很好地把握住股票市场的行情，业绩表现乏善可陈，也仅仅是"保本"而已。与前些年份的表现相比悬殊，如果三年的投资仅仅是"保本"而已，相信不会是大多数投资者的初衷。

"保本"与资管新规"打破刚兑"的总原则明显是冲突的，且"保本"本身并不是完全没有风险的。中国证监会 2017 年 1 月 24 日公布了《关于避险策略基金的指导意见》，并于公布之日起开始实施，这正式宣告"保本基金"将成为历史。从此，存量保本基金的"转型潮"便进入了倒计时。这些保本基金或者根据法规，变更为避险策略基金，或者干脆转型成其他基金，甚至可以直接选择基金清盘。根据财汇金融大数据终端统计，2018 年将有 94 只保本基金的最近一个保本周期结束，面临转型或清盘的抉择；而在 2019年，还有 49 只保本基金也将迎来同样的抉择。

根据新规定，将不会有新的保本基金设立，取而代之的是避险策略基金。这并不是简单换了一个名字，相较于旧有的保本基金，避险策略基金将不得在合同契约中采用现有保本基金的连带责任担保机制，即市场俗称的"反担保"，而只能引入愿意接受买断式担保的担保机构，这显然极大地增加了基金找到合适担保机构的难度——在买断式担保的约定下，如果避险策略基金到期后没达到保本要求，需要由担保机构负责补偿费用。

而存量保本基金，由于有保本周期的约定，在保本周期到期后，将必须在变更为避险策略基金、转型为其他类型基金、清盘这三个选项中选择其一。从实际的操作来看，存量的保本基金大多是选择了转型为如混合型基金等其他基金产品的，或者直接选择清盘。难以找到合适的担保人，是阻碍保本基金变更为避险策略基金的根本原因。

或许因为转型已是命中注定，许多保本基金的操作相当"保守"，收益率一度比不过货币基金。平衡过渡对大家来说当然是一个最佳选择，对于投资者来说不管是转型还是清盘，都要面临一定的风险。

虽然保本基金已成追忆，保本策略仍在资产管理行业中占据重要的一席之地，而投资者实际上也可以采用这种思路来管理自己的资产。我们很多时候既想本金安全，又不想错过市场的机会，怎么办？我们现在还可以通过理财产品和权益基金的组合配置的方式，既保持本金安全，又不丧失参与市场的机会。我们可以选择一个收益比较稳定的理财产品，计算出我们在 1 年或者 2 年时间内可能收到的收益，再将这个收益作为我们股票型基金可承受的"最大损失"来确定我们股票基金的金额。万一遇到不利的情况，股票基金亏损到了"最大损失"，就把股票基金卖出"止损"，就可以达到"保本"的目标了。

第三节
广受欢迎的打新基金：真的很不错

打新股，在很多人的眼里是"稳赚不赔"的，但由于"僧多粥少"，中签的概率如同于中彩票，新股的疯狂也是很多追逐打新的重要原因：2014 年至 2015 年的疯狂牛市中，最疯狂的是 2015 年暴风科技上市，连续走出了 28 个一字板再加 8 个涨停，2 个月不到从最初的发行价 7.14 元涨到 327.01 元，翻了将近 46 倍。也就是说，如果新股中签 1 万元，最高点卖出，2 个月就获利 45 万！

这样实实在在的案例无不在提醒我们：打新股的利润是如此的丰厚，而且，风险还非常非常低！公司上市初期跌破发行价的比例几乎可以忽略。

那什么是打新股呢？新股发行指的是上市公司首次在二级市场公开发行股票（即 IPO）。打新股实际上就是"买新股"。最理想的状态是大家买的数量和要发行的数量是一样的，比如公司要发行 1000 万股，投资者们就刚好买 1000 万股，但如果申请购买的数量达到 5000 万股，怎么办呢？这个问题可以采用三种方式来解决，第一种方式就是排队法，先到先得，先缴款的前1000万股就成交，后来的就买不到了。第二种方式就是大家按比例平分，申购数量为5万股，最后只能成交1万股，未成交的4万股的资金退给投资者。基金的募集，一般是采用这种方法。第三种方法就是抽奖式的，抽中的才能买，没抽中的就不能买。比如，每1000股作为一个签，采用摇号抽签的方式，这是新股发行常采用的办法。

在2016年以前，在打新股的时候要先把申购资金打入账户，不管有没有中签，资金都会被冻结。从2016年开始，新股发行规则就变了，取消了缴预存款的制度，可以先申购，中签了再缴款，但能买多少要看账户里股票的市值有多少。

操作起来很简单，但中签就很难了，很多时候中签率都是万分之几。老是打不中，那可怎么办呢？大家就把希望寄托在了"打新基金"。

打新基金，说白了就是专业打新股的基金。咱们每个人去打新股中签的概率很小，如果很多人把钱放在一块打，这样中新股的概率就大幅提升了，当然打中后大家要"平分"，打新股的收益就没有那么"高"了。同时，公募基金打新股跟我们个人打新股还有个很重要的区别，就是"政策红利"。什么意思呢？公募基金打新股是受到特别关照的。新股发行的时候会先留出一定的份额给公募基金等机构客户来分，剩下的由普通投资者分。由于预留的这部分参与人数有限，中签概率比投资者个人打新要高出很多。当然，大家"平分"下来收益也并不"惊人"。有人测算过，一般情况下，对于5亿左右规模的公募基金来说，打新股可以每年贡献2%~3%的收益，只有这点收益当然不会令大家满意，所以打新基金一般会采用"固收+股票底仓+打新"的管理模式。股票一般选择波动不大的股票，或者采用对冲的方式完全对冲掉，收益主要靠债券和打新的收益，如果说一只债券基金能比一般的债基每年多2%～3%的收益还是相当可观的，因此打新基金从这个角度也可以看作债券增强型的产品。对于追求稳健收益的投资者来说，是非常具有吸引力的。当然，打新也会受到债券行情、股票行情和股票新发数量的影响，收益的波动要比债券高一些。

自从取消全额先缴款的规定后，打新参与度高，中签率大幅下降，但对于打新基金来说，资金的使用效率大幅提升了。原来打新需要先缴款，打新结果出来后，没打中的钱（绝大部分）才会解冻，才能进行下一次打新。在新规则下，只需要有一些股票的底仓，无须先动用真金白银就可以打新，这样基金经理会尽量每只个股都顶格认购，充分享受打新带来的低风险高收益机会。资金不用再转来转去了，可以安安心心地去买债券来收利息，产品收益的稳定性也就高了不少。

按照一般公募基金风险控制的要求，单只股票申购的上限不超过基金的总规模，规模小的基金可能就会打不满且对基金的稳定管理不太有利，但基金规模太大虽然能够保证每只新股都能顶格打，但是这样会大幅摊薄打新的收益。所以一般的打新基金都会控制基金规模，5亿～10亿是比较合适的。我们在买打新基金的时候，也最好买这样规模的，一般不要去买规模超过10亿或者1亿以下的。

对于打新基金来说，底层资金会带来收益的波动，而且会占用资金量。因此，底层资金一般越低越好，沪深两所均要求底仓分别不低于1000万元，合计至少2000万，考虑到底仓波动，还得适当增加底仓规模，特别注意的是，主承销商还可以确定市值要求。因此，一般的基金的底仓需要在6000万左右。如果是一个6亿规模的打新基金，底仓一年波动10%，对整个基金的收益影响也就只有1%，这样整个基金的收益就会比较平稳。而如果是只有1亿规模的基金，一年的波动就能够达到6%，赚了还好，若是亏了，可能就把打新赚的钱全部亏掉甚至还不够，这就完全不符合大家买打新基金的预期了。

要说最近几年最火的打新基金，就非战略配售基金和科创板基金莫属了。

战略配售基金，全称是"3 年封闭运作战略配售灵活配置混合型证券投资基金（LOF）"。这类基金可不是谁想发就能发的，能够发售这类基金的基本上都是实力雄厚的公司。截至 2019 年 6 月，仅有招商、易方达、南方、汇添富、嘉实、华夏等六家基金公司在 2018 年 7 月发售和管理的 6 只战略配售基金，合计募资 1049.18 亿元。"3 年封闭运作"意味着 3 年内无法赎回，但这并不等于想用资金的时候回不来，这批产品在生效 6 个月后在交易所上市交易，可以像买卖股票一样，需要回笼资金就挂出去卖了，但卖的价格并不是按照一般基金的净值来算的，是要按买卖双方的意愿，比如净值是 1.3 元的基金，挂售 1.35 元，只要有人愿意买，卖方的收益就是按照 1.35 元的价格来算的，但也完全有可能挂 1.28 元才会有人买，这样卖方的实际收益就会比 1.3 元的净值少一些。

战略配售基金本身具有一定的历史战略使命，也是受政府政策指导的。战略配售基金设立初衷是为了在科技各细分领域有独到优势的"独角兽"企业的回归而设立的，这些科技企业由于企业发展过程中股权结构的原因，大多不能直接在国内上市，而只能选择在境外上市。为了解决这个问题，就可以通过发行存托凭证 CDR 的形式来实现境外的股票境内买。长期看，优质新兴科技龙头企业仍有望保持高速发展，市值增长空间较大，这些企业仍有望取得可观的投资回报。这些"独角兽"在回归的时候会直接配给战略配售基金一些份额，这是政策红利。百度、阿里巴巴、腾讯、京东、网易、携程等 6 家知名科技企业有望回归 A 股的消息更是让大家对战略配售基金充满了期望。千亿资金很快就募集到位了。

但"独角兽"不是说回归就能回归的，有一个复杂的过程，再加上各种原因，"独角兽"并没有像大家预期的那样很快就回归了。"独角兽"基金遭遇"无兽可买"的尴尬境地，但基金经理并没有闲着，不能辜负了大家的信任，就通过债券和打新股的方式来为大家获取稳健的收益。在 2018 年，这 6 只基金平均权益资产占比仅 1.17%，平均固定收益资产占比则高达 95.28%，这样的资产配置模式帮助战略配售基金规避了 2018 年度 A 股市场波动，也享受到了债市的牛市行情，收益算下来还比银行理财产品高不少，也算是个意外的惊喜吧。

比战略配售基金更火爆的非科创板基金莫属。科创板于 2018 年 11 月 5 日宣布设立，是独立于现有主板市场的新设板块，很多的交易规则跟现有板块不太一样，比如说会进行注册制试点、涨跌幅更宽等。2019 年 6 月 13 日，科创板正式开板了，在开板之前的两个月内，科创板基金卖得如火如荼，从申报到获批，首批科创基金用了 2~3 个月。从获批到发招募书，首批科创基金只用了 1~2 天。2019 年 4 月 26 日、4 月 29 日，首批 7 家科创基金密集来袭，是 2019 年基金行业的标志性事件，先"吃到螃蟹"的基金公司也是行业内实力雄厚的公司：易方达、华夏、南方、富国、汇添富、嘉实和工银瑞信。

怀着对新市场"低风险、高收益"的憧憬，科创主题基金销售火爆，在一般基金仍处于"保成立"时，科创主题基金再现"一日售罄"的火爆行情。公开数据显示，首批发行的 7 只科创主题基金每只首募规模上限均为 10 亿元，合计上限为 70 亿元，且均在当日售罄，合计认购金额更超千亿元，平均每只配售比不足 10%。第二批发行的科创主题基金同样保持了"一基难求"的势头，第二批 5 只科创主题基金均限售 10 亿元，合计认购金额约 120 亿元，配售比例在 32%~45% 之间。

由于科创板是新设的板块，初期只能打新股，所以在初期很多人将这类基金看作打新基金是没问题的，但随着时间的推移，科创板本身的高风险就会暴露出来，决不能将科创板基金当作"低风险"产品。

从股票的仓位看，一般有四种仓位设置模式，第一种是股票仓位为 60%~95%，被华夏、南方和嘉实等基金公司所采用；第二种是股票仓位为

50%～95%，被易方达等基金公司所采用，这两种都属于混合偏股基金。第三种是股票仓位为0%～95%，属于灵活配置型混合基金，被富国等基金公司所采用。第四种是股票仓位为60%～100%，因为是3年封闭式产品，最高仓位可以达到100%，被工银瑞信等基金公司所采用。

从投资范围来看，科创基金的投资范围涵盖了科技创新主题领域。目前科技创新基金界定的科技创新企业是指坚持面向世界科技前沿、面向经济主战场、面向国家重大需求，主要服务于符合国家战略、突破关键核心技术、市场认可度高的企业，重点关注新一代信息技术高端装备、新材料、新能源、节能环保，以及生物医药等高新技术产业和战略性新兴产业。实际上，科创板基金不仅可以投资科创板，对于像目前的创业板的很多股票也是可以投资的。但从定位来看，若科创板运行顺利，会以投资科创板为主。实际上，一般的公募基金也都是可以投资科创板的，尤其是一些科技主题基金，投资科创板也是"分内之事"，从这个角度来看，投资科创板当非只有买科创板基金这一个选项。

当然，个人直接投资科创板，不仅面临较高的门槛，也会面临非常高的风险。虽然科创板蕴含着显著的投资机会，但同时作为一个"新领域"，相较现有市场无论是在交易规则还是投资风险上都有显著变化，同时科创板企业本身的属性也导致其在估值、企业质量分析等方面遇到新的挑战，对投资者的专业技能也提出了新的要求。相比于个人投资者，机构投资者拥有更为完善的风控制度和更为专业的股票估值系统，对科创板企业投资价值和机会的分析也更为深入，个人投资者还是通过公募基金参与投资科创板更稳当些。

第四节
大盘涨跌都能赚的对冲基金：似繁实简

　　小富最近迷上了对冲基金，原因在于不管是股票型基金还是债券型基金都存在周期的问题，一旦周期的节奏没踩准，收益就会大打折扣，而对冲基金则不会受市场周期的影响，可以"稳赚"。我们经常会听到量化对冲基金的各种神奇传说，尤其是在熊市中，量化对冲基金无惧股指下跌，让它有了"抗跌神器"的称号。量化对冲策略目前在美国等西方发达国家市场已成为主流，我国近年来发展也非常迅速。实际上，"量化"和"对冲"是两个概念。有一些私募基金常采用商品 CTA 策略，跟股票的量化对冲有很多相似之处，业内也有同时采用两种策略的产品。不过，商品 CTA 策略比量化对冲策略更难懂，私募产品也不是每个人都能买得起的，我们还是先把股票的量化对冲策略先看懂再说。

　　量化投资是使用统计学、数学的方法，从海量大数据中，寻找能够带来"大概率"盈利的投资策略，并在此基础上，综合归纳成量化因子和投资模型，并纪律严明地按照这些数量化模型组合来进行独立投资，力求取得稳定的、可持续的、高于平均的超额回报。看起来比较复杂，但复杂的事情都是由基金公司去做的，投资者只要知道原理就行了：这类基金就是用大数据分析的方法来找出投资规律，而不是靠经验和"拍脑壳"来做投资决策。

　　对冲是指同时进行两笔行情相关、方向相反、数量相当、盈亏相抵的交易。比如说，买入股票、卖出股指，只要股票比股指强势，不管股票是涨还是跌都是可以稳赚的，虽然可能每次都赚那么一点点，但是对于绝大多数的投资者来说，"稳定是可以压倒一切的"。

跟一般的基金相
比，量化对冲基金有
以下非常鲜明的特点：
第一是投资范围广泛。
既可以投资股票，也
可以投资大宗商品，
投资策略灵活。第二
是投资标的多。股票

类的量化基金要选择的股票，远高于一般股票型基金，目的就在于消除某个
标的"选错"的风险，确保整体是对的。第三是指数涨跌都能赚。采用对冲
后，基金赚的钱就是所选股票比指数涨得多或跌得少的"相对收益"，无论
市场上涨还是下跌，只要跑赢大盘就可以赚钱。同时，量化对冲基金可以留
一定的风险敞口，也就是如果是上涨行情，可以多拿点股票，如果是下跌行
情，就多卖出点股指，不管上涨还是下跌都有办法盈利，这可比一般的只能
买股票的"死多头"要灵活得多了。

看看实际的数据，我们会更直观。根据万得的数据：在整个 A 股几乎
全年都在单边下跌的 2018 年，市场上共有 18 只量化对冲公募基金，全年
平均回报 -0.49%，跑赢万得全 A 指数 24.10 个百分点，收益最高的取得
了正的收益率 6.35%，收益最低的收益率为 -4.92%，盈利和亏损的基金
数基本上持平。这个结果可能比一般的股票基金在 2018 年动辄 30% 的亏
损要好得多。

我们知道，一般的股票型基金往往是"看天吃饭"，不管是主动管理型
基金，还是指数基金，主要看行情有没有在主要投资的方向。而量化对冲基
金某种程度上是"全天候"，收益的关键在于自己的管理方法是不是好的，
而不是看市场是"晴"还是"雨"。

既然是"相对的收益"，也就放弃了在大牛行情中超高收益的机会。从

量化对冲基金历年的收益情况我们可以看出，2015 年的牛市行情中，所有的量化对冲基金都取得了正收益且多数基金的收益超过了 10%，但与一般的股票型基金动辄 50% 以上的收益差异是非常明显的。

到了 2016 年，当其他股票型基金都跌得稀里哗啦的时候，大多数量化对冲基金都取得了正收益。2017 年、2018 年同样如此，在弱市的环境中，仍有半数左右的量化对冲基金可以取得正收益，而且负收益的基金亏损的幅度也很小。

从这个角度来看，量化对冲基金多少有点"佛性"的感觉。与一般的股票型基金靠"站风口"吃饭不同，对冲基金的"强者恒强、弱者恒弱"的现象非常明显，这对我们来说就有很好的参考价值。选择过往业绩好的基金，比去预测将来哪只基金会在风口上要简单几个数量级。比如说，2015 年至 2017 年每年都是正收益且平均收益最高的海富通阿尔法对冲基金，在 2018 年同样取得了优异的业绩。

对冲基金在财富管理上的意义还在于这些收益风险性价比高的产品的稀缺性。不管是像小富这样奋斗在金融一线的小伙伴，还是账上有 8 位数的"小富豪"，无不被一个现实的问题困扰着：理财产品收益是很稳定，但收益比较低，现在收益率一般只有 4% 左右；一般的股票基金长期收益高但短期波动大；投资于标准化的市场，预期收益在 5% ~ 10%，但收益相对比较稳定的产品非常稀缺，几乎成了大家财富管理中的一个空白地带。

收益稳定的资产大家很容易想到债券类资产，但债券也会有熊牛周期的问题，这曾让小富"叫苦不迭"，2018 年很多债券基金都能取得 8% 以上的收益，但 2019 年的上半年的收益水平大多比不过理财产品。融资类信托产品收益一般在 7% ~ 8%，不仅有信用风险的因素，同时还有期限较长的原因。同时，我们知道，这些收益高的信托产品一般都是"非标"资产，流动性非常差，一旦借款方发生违约，投资本金可能会遭受灭顶之灾，目前还得靠管理人的"刚兑信仰"来支撑。

推介截止日	产品名称	存续期	预期收益	运用方式
2019 – 05 – 22	基业 62 号四川泸市	18.00	7.20	贷款类信托
2019 – 05 – 23	正荣天津特定资产收益	12.00	7.00	权益投资信托
2019 – 05 – 20	广西来宾市城投融资信	26.00	7.30	债权投资信托
2019 – 05 – 21	江苏建湖县城投融资信	36.00	7.10	债权投资信托

注：数据来源于万得资讯。

既然单一资产无法完美地解决这个问题，就只能够通过金融工具综合运用。打新基金一般是综合了几种投资工具，即债券、打新股和对冲，这样就可以获取多份收益。打新基金配置的债券一般是采用持有到期策略，收益会比较稳定但一般不高。现在我们的打新基本上像买彩票，打中了才有增厚收益，股票对冲是这一类基金挣钱的主力。很多人对对冲比较陌生，还有些人认为对冲是一种高风险。举个简单例子，我们可能经常会听管理股票基金的基金经理说，每年跑赢了指数××个百分点，但是由于 A 股指数本身波动是比较大的，就像过去的 2018 年，即便是跑赢指数 20 个百分点，仍然会有较大的亏损。对冲就是通过技术手段将这种相对的收益转化为绝对的收益，跑赢指数 20 个百分点的收益就是 20% 的收益。这样不管股市涨跌，只要跑赢指数就能赚钱。

对冲策略基本原理

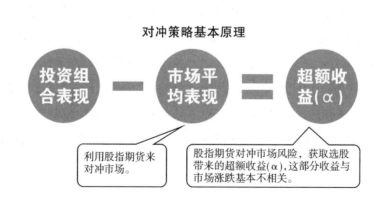

当然，理论归理论，我们看看实际产品的收益情况吧。某对冲策略的公募基金截至 2019 年 5 月 20 日累计收益是 18.9%，年化收益率 8.22%。从实际运作来看，连续持有两个周期（1 年）的最低实际收益是 7.71%，最高是 12.61%。对于大多数的理财客户来说，是作为理财产品部分替代以提高综合回报的绝佳选择。

封闭期收益

截止日期：2019 - 05 - 20

封闭期	封闭期收益率
2019 - 05 - 09 ~ 2019 - 11 - 08	0.93%（2019 - 05 - 20）
2018 - 10 - 17 ~ 2019 - 04 - 16	4.09%
2018 - 04 - 09 ~ 2018 - 09 - 28	3.62%
2017 - 09 - 26 ~ 2018 - 03 - 23	8.99%
2017 - 03 - 15 ~ 2017 - 09 - 14	2.30%

注：数据来源于天天基金网。

之前由于种种原因，股指期货整个类别的产品严重受限，几乎处于停滞阶段。从 2018 年开始，经过反复的论证，股指期货只是一种"金融工具"的观点获得了大家的一致认同，做空股指是正常的交易行为。因此，对于股指期货的种种限制也被放开了。应该说，目前是该类产品"重获青春"的时机。大家以后会有更多机会看到这一类的产品，投资幸福指数会蹭蹭蹭上涨。

当然，好的策略还得有好的管理人和管理团队，所以在选择的时候，要尽量选择管理经验丰富的公司和团队，这样收益将会更有保证。好的投资机会总是留给有准备的人，投资者习惯了"做多"的、涨了才能赚钱的盈利模式，思维大多还一时转不过弯，这也是我们更加需要去学习的一个原因。

第七章

高收益高风险：有方法不盲目

"别在你需要上进的年龄把时间浪费在看盘上"，借助专业的力量才能让我们的财富"两条腿走路"，但怎么"借"是要有讲究的。

第一节
买基金不要买股票：事业远比看盘重要

每每股市牛市来临的时候，总有不少人跃跃欲试，梦想着能够在股市中一夜暴富。当然，有成功的，但更多的是失败的。小富自从 2006 年开始第一次买股票，十多年过去了，也算是一个"老股民"了，但小富经常会提醒大家不要去炒股票，因为对于非专业人士来说，炒股票是一件得不偿失的事情。且不说亏钱，即便是赚了一点钱，把自己的事业耽误了，也是捡了芝麻丢了西瓜。

炒股的人有很多，也有很多人认为炒股很挣钱，但并不清楚股票的收益是从哪里来的。

其实，股票投资的收益来自两个方面：一是股票的分红，也称为股息收入，这块的收入依赖于上市公司的盈利，公司的盈利越多可以分红的也就越多。当然，分红可以是现金分红的形式，也可以是增加股份的形式。当投资者买了 10 块一股的股票，如果股票的价格一直没变，今年每股分了 1 块钱，那收益率就是 10% 。第二是买卖的价差，10 块钱买的股票卖的时候 12 块钱就是赚 20% ，如果只能卖 9 块，就会亏损 10% 。

投资股票怎么才能赚钱呢？受到中国不少的人崇拜并被大家封为"股神"的巴菲特告诉我们要去做"价值投资"，但如何才能做到"价值投资"呢？

一个严酷的现实是，在股票投资领域，"赚大钱"的注定是少数，要么是靠别人无法比拟的投研优势，要么是靠着比别人更大胆的"豪赌"。前者无疑门槛太高，高到绝大多数的公司无法企及，只有具有强大的投研实力、沉得住心、耐得住寂寞的人才可能真正做到。A股几千只公募基金中，真正能够算得上"价值投资"的基金也是屈指可数的，更不要说是个人炒股。

所谓"价值投资"，是建立在公司业绩的持续增长基础上的，这个道理可能大家都知道，但难就难在判断上。往往需要亲身去收集第一手资料，需要去库房盘点库存，需要亲身了解上下游的信息，但这些"苦差事"基金经理必须得做。

除了得做"苦行僧"外，能否耐得住寂寞则是一个更大的考验。在大牛市中，涨得多的、跑得快的往往不是这些"价值投资"基金，而是一些追逐主题和热点的基金，追求"价值投资"的基金经理会面临非常大的业绩排名压力和来自公司的压力。

对于价值投资来说，优势占尽的基金公司尚且很难做到，遑论在各个方面都占尽劣势的"散户"，个人炒股往往是凭运气"赌"。因此，大家基本也都是在靠各种小道消息"炒股"。当然，证券公司也会有各种推荐，但事实上，即便是证券公司的从业人员，股票炒得好的也并不多，并没有大家想象的那么可靠。

小富还在学校读书的时候，股市的"赌场说"一度很盛行，就读金融专业的小富不以为然。但随着年岁渐长，小富越来越认为，从社会学的角度来看，对于相当大的一部分人股市真的是"赌场"。对于年轻人来说，最大的资本就是自己，年轻人炒股损失的不仅是钱，还有我们最宝贵的财富——个人才干的提升，这是我们可靠而长远的财富来源。

很多投资者有时亏钱，有时赚钱，多年下来不输不赢，即便最后赚了一些钱，却在股市耗掉了光阴，在自己的专业领域没有积累，与同辈差距非常明显，沦为庸碌之辈。

对于中国的大多数年轻人来说，在刚刚步入社会的20岁到30岁这段时间，差别并不大，但过了30岁以后，经过近10年的积累，个人差距就会非常的明显。如果把10年的时间放到了炒股上，而不是潜心做好自己的工作，每天被行情的波动折腾得对本职工作心不在焉，到头来最大的损失不是钱，而是耽误了自己能力素质的培养。对于大多数的年轻人来说，能够在职业道路上不断提升，凭借的就是自己的学识和才干，这才是最值钱的东西。

有人认为，炒股票是一门学问，甚至不少学校还会组织专门的炒股比赛。在股票行情最火爆的时候，炒股挣钱立竿见影：一两个月翻个倍也是很正常的事。但从长时间来看，散户基本上都是赚少赔多。

其实，投资并非是仅做股票买卖就能够学到的。相反，在工作学习上所花的时间，短期来看很难挣到什么钱，但长远来看，平时一点一滴的积累最终会在关键时刻让你脱颖而出，并因此而终身受益。这种回报，比股票市场上能够挣到的钱要多得多，也可靠得多。

如果我们对财富来源进行分析的话，会发现：对于大多数的普通人来说，收入大多来源于自己的劳动所得，只有辛勤的劳动才能够实现财富的积累。投资理财是让我们能够"两条腿走路"，这样走得更快，而不是要用"投资理财"这条腿去代替"勤劳致富"这条腿。

相对于散户，专业的机构投资者具备太多的绝对优势。在信息方面，往往能够第一时间掌握行业景气与否、上下游情况、公司经营变动的数据等，甚至能够获取或者通过分析得到重大隐秘信息。比如说，企业未来的盈利预测，这不是在电脑前看公开数据就能够得到的，而对于一般的个人投资者来说，这些信息基本上是无法去获取的。

在分析方面，对数据和事件分析的结果，就是决策的依据。如果我们认为那些毕业于国内名牌大学的硕士、博士长期专注于某一行业的分析，最后他们得出的结论却不如散户浮光掠影地看几篇新闻和对比几份研报得出的结论，那一定是散户的错觉。

还有就是团队和投入时间方面的优势。单打独斗的散户在这个市场面对的是无数主力，一个个以此为生、拿着高薪、承受着高压、每天投入十数个小时工作的团队。他们输出的是集体智慧碰撞和讨论的结果，这些结论的全面性和深度通常远远超过散户个人能力和思维。散户能做的无非是工作之余牺牲休息的时间，一个人坐在书桌前埋头研究分析。

当然还有渠道优势。对于基金公司来说，基金经理可以将大把的时间花在各类调研上，可以和公司高层面对面交流，也可以去生产现场考察，同行之间还有大量的交流。一般的散户既无渠道，也无时间与经济实力来支撑其这样做。

散户处在"一穷二白"的境地，如果对此没有清醒的认识，就会永远像待割的韭菜，一次次被收割。

小富经常也会对大家说：一个投资者不管资金量再少，投了基金就是站在了机构投资者的肩上，就是一个机构投资者；而即便拥有上亿的资金，自己瞎炒，也仍然只是散户。是散户还是专业的投资者，不是看资金的大小，而是看投资的基础和方法。

其实，"专业的人做专业的事"在各个领域都是适用的，包括在股票投资方面，但有些人似乎忘记了这一点，以为自己可以通过自己的"分析"来取得比专业投资者更好的收益，这只是想当然而已。

小富的客户王先生是一位成功的企业家，也是一个资深的股民，而且在股市上赚了不少钱，但他现在不再进行股票投资了，而是选择了配置一部分的股票型基金，在他看来，即便是他有非常深厚的专业知识、非常灵通的信息和非常丰富的投资经验，但是对他来说时间才是更宝贵的。已近 60 岁的他，每天早上坚持跑步，锻炼身体；创建的公司现在蒸蒸日上，每年都上一个台阶，在国内广受认可。同时，他还花时间教女儿如何管理好企业。他经常对小富说："与其把时间花在看盘上，不如去做好自己的企业，不如去陪好自己的家人。"

第二节
长期投资：牛熊市真的没那么重要

小富是在牛市期间进入市场的，牛市动辄拉涨停的节奏让小富记忆犹新，而熊市的巨大杀伤力也一度让小富望而却步。多年以来小富一直持有"投资"只能在牛市里做的看法，但随着阅历的增加，小富逐渐认识到，在熊市里照样会有一些好的投资机会，甚至在熊市里播种往往能够收获更多的成果。如果说"心中无牛熊"是投资成熟的表现，其实也在于牛市和熊市的边界并非非常清晰，你认为的牛市可能即将进入熊市，而你认为的熊市不知不觉中又创了一个又一个新高。人们之所以热衷于追逐牛市，很大程度上在于牛市中"鸡犬升天"，任何人都可以找到点"股神"的感觉，而在熊市中的投资则需要更多的耐心和专注，需要更严谨的投资方法和策略。

尤其是在经历长熊市的时候，大家都会非常企盼来一轮轰轰烈烈的大牛市。经历了 2006 年至 2007 年的"改革牛"，以及 2014 年至 2015 年的"资金牛"，人们都非常想念当时那种"日进斗金"的感觉。但回过头来，又有多少人真正地把收益拿到了手呢，反而是大幅亏损的人比比皆是。

很多人想念牛市，觉得"再给我一次机会，我一定能抓住"。但实际上，每次的结果都是一样的，真正能够把收益收入口袋里的人少之又少，牛市中更多的是，大多数人的钱成就了小部分人。

美国投资大师彼得·林奇经过研究，得出了一个超乎大家想象的数据：在20世纪80年代美国的股市兴旺的5年中，股票年均涨幅26.3%，遵守纪律坚持计划的投资者获得几倍或更多的收益，但这些收益绝大部分来自40天，而5年中公开交易共1276天。如果你在这40天中离开了股市，以图避开下一次回调，那么你就得不到年均26.3%的收益，而只能得到4.3%的收益。所以，彼得·林奇就有了那句著名的结论：当雷电打下来时，你必须在场！国内的一些投资机构对全球范围内的主要股票市场进行了研究，结果发现，不管是美国还是欧洲的股市，抑或日本及中国的股市，实际上都一样，大多数收益都来源于最关键的20个连续交易日，如果错过这20个交易日，收益就很惨淡，甚至会经受巨大的亏损。而这20个交易日在什么时间出现，谁都说不清楚，但"看到行情好"才去投资则会大概率地错过，往往会成为"接盘侠"。

中国股市起步较晚，更是一路风风雨雨，经历了种种事件。若从1989年算起，到今天也已经有30年的时间了，回头来看，能够算得上牛市的时间不足10年！中国股市牛短熊长，是大家公认的事实。由于牛熊市界限并不能清晰地界定，这个数据可能也不是很精确。所谓的牛市，就是大多数的股票都长时间上涨，股票指数持续大幅上涨，而熊市则刚好相反。

不少人可能会有这样的想法：股票投资最好的方法就是牛市开始的时候买入，熊市来临的时候退出。小富通过自己的切身体会，也跟绝大多数的投资者一样认为这是根本做不到的。牛市到来的初期并不能很容易地界定，散户很难分辨这是熊市的一个反弹，还是一个牛市的开始。

当大多数人认为牛市来临的时候，股价早已高高在上，这时候大家往往会蜂拥而入，熊市随时可能紧随而来。同样的，熊市也并不那么容易识别，当股市开始大幅下跌的时候，我们很难分辨出这是一次回调，还是熊市的开始，甚至不少人还会在下跌时加仓，等意识到熊市已来时，已经被套牢，可能很多年都无法解套。

我们很难预测牛市的到来，就算牛市真正到来了，或许能够让我们感觉到短暂的"幸福"——曾经赚过，但真正能够"功成身退"的投资者少之又少。作为专业的投资者，不少的基金经理将"穿越牛熊"作为自己的管理目标，但能够真正"穿越牛熊"的人寥寥无几。个人投资者独自"穿越牛熊"非常难，而随便买一只基金就想"穿越牛熊"，也是不太现实的。

小富根据10多年的投资经历得出了这样的结论：能够真正"穿越牛熊"只能是真正的"价值投资者"。之所以加上"真正"二字，在于机构投资者≠价值投资者，真正的价值投资者实际上只有少数的机构投资者能够做到，散户是难以做到的，而大多数的机构投资者不愿或者难以做到价值投资。所以，即便是通过投资基金来"穿越牛熊"，也只有少数的基金才能做到，我们要做的是用心地把这些基金选出来。

美国投资大师格雷厄姆1976年去世时，巴菲特在《金融分析师杂志》上发表了一篇追忆格雷厄姆思维方式的文章。他写道："过目不忘，对新知识如饥似渴，用巧妙的方法融合貌似无关的问题，他的每一个思想细节都因为这些能力而熠熠生辉。"

格雷厄姆是个魅力十足、个性谨慎的人，同时也是一位成功的投资大师、作家兼教授。身为纽约格雷厄姆·纽曼投资公司的创办人，格雷厄姆在建立证券投资分析师的专业训练、资格考试和考评方面也是不遗余力的。价值投资的理念，也是始于投资大师格雷厄姆。

格雷厄姆的核心理念是安全边际，也是以后所有价值投资者的基本标尺。从本质上看，格雷厄姆的价值投资其实还是一种套利交易：安全边际出现（价格低于价值）买入，价值回归后卖出。对于投资，他有几个重要的原则：

首要且必要原则是安全边际。安全边际首先追求的是保本，而非盈利。贱取如珠玉，贵弃如粪土。再垃圾的公司，只要价格足够低，也可以买入；再优秀的公司，价格太高，也不值得持有。

第二大原则是逆向投资。什么时候资产的价格会大幅低于内在价值呢？

别人恐惧我贪婪，别人贪婪我恐惧，格雷厄姆的玩法就是以内在价值为锚，利用市场的情绪进行高抛低吸。我们经常听巴菲特这么说，但实际上这个观念是始于格雷厄姆。价值投资之所以难做，就难在这个锚到底在哪里。需要大量的人力、物力、财力，才能够足够接近知道这一点，这也是价值投资门槛高而少有人企及的原因所在。

第三大原则是分散投资。怎么保证购买的企业股票不会血本无归？谁也不能保证自己百发百中，格雷厄姆的答案是：捡一堆烟头，这样整体上收益可以覆盖和稀释风险，靠大数定律赚钱。

后来巴菲特把格雷厄姆的投资原则修正为三大法宝：安全边际（市场先生提供）＋精选企业（宽宽的护城河）＋长期持股（和时间交朋友）。

在80岁生日前夕，格雷厄姆告诉朋友说，他希望每一天都能"做一些傻事，做一些聪明事，再做一些平凡事"。

虽然中国的股市牛短熊长，梳理下来还是有不少公司的股票实现了"穿越牛熊"，而投资这一类企业的基金也实现了真正的"穿越牛熊"。多年的投资经验总结下来，小富的一个小窍门就是要坚决避开那些强周期的企业，如证券、钢铁水泥等，也包括一些受政策影响比较大的行业，如军工、环保等。这些强周期的企业在股市上涨的弹性更大，但在市场情况不好的时候很难走出超越市场的独立行情。

可以真正"穿越牛熊"的公司，在小富看来，是未来可以不受经济周期的影响而持续成长的企业，企业的利润持续增长才是能够真正"穿越牛熊"的坚实后盾。

截至2019年4月17日收盘，贵州茅台股价收盘报于952元，再次创出历史新高。较2014年1月的最低价88.68元，5年上涨了10倍！从现在来看，贵州茅台是"价值投资"的典范，股价随利润不断地提升。

相信有很多人都看好过茅台，甚至不少的人还投资过茅台，2018年底有多达785只公募基金持有贵州茅台股票，但一直坚定看好、重仓持有的，整个公募行业里，上千名的基金经理中只有几个人做到了。从2014年一季度以来，连续20个季度在十大重仓中均坚持持有贵州茅台完整地享受到了茅台带来的红利的，全市场更是寥寥无几。

在真正坚持价值投资的基金经理的投资哲学中，决定企业投资价值的是企业是否有足够强大的竞争优势、足够深的护城河和不可复制的商业模式，并且以此为基础能够持续地带来稳定的业绩增长。

贵州茅台正好是完全符合这个投资理念的。5年中一共有1000多个交易日可以卖出股票，但最终能够一直拿住，这足以说明基金经理极为理性的心态和对价值投资的坚定践行。

此外，除了贵州茅台，还有其他行业的标的，例如食品饮料、机场、家电及医药生物等行业的龙头企业，都出现了不少价值投资的典范。

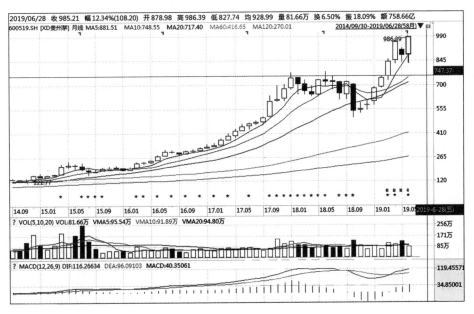

注：数据来源于万得资讯。

随着贵州茅台股价不断创新高,持有的基金也为投资者带来了持续的收益。虽然也会有回调,但不断"创新高"则远远地把大盘抛到了后面。这类基金也成了小富和他的小伙伴们最喜欢给大家推荐的基金,因为这类基金"随时买"都是正确的。

为此,小富把这一类风格的基金进行了严格的筛选,把真正坚持"价值投资"的基金进行了归类,并取了个好听的名字"长牛基金",就为的是更直观地告诉大家,这一类的基金是适合长期投资的,长期的业绩是很"牛"的,并不是昙花一现,当然,短期业绩跑不赢其他基金也实属正常,我们不能要求一个长跑选手同时也擅长短跑对吧。

第三节
指数投资:专业级的玩法

指数基金,顾名思义就是以特定指数(比如沪深 300 指数、标普 500 指数、纳斯达克 100 指数、日经 225 指数等)为标的指数,并以该指数的成分股为投资对象,通过购买该指数的全部或部分成分股构建投资组合,以追踪标的指数表现的基金产品。换句话说,指数里有什么股票我就买什么股票,指数涨 1%,我就涨 1%。当然,这是一种理论上的情况,在现实中指数基金也很难把指数中的股票全部买完,比如说,沪深 300 指数基金,一个基金几乎不可能 300 只股票全买,而是采用购买指数的部分成分股,力求涨跌幅与指数相近或者超越指数。

指数化投资于 20 世纪 70 年代在美国兴起,特别是 90 年代,ETF 产品的出现导致了指数化投资在全球市场蓬勃发展。"股神"巴菲特作为价值投资的楷模,成为无数人学习投资的榜样,但是令人想不到的是,巴菲特十分推崇指数投资，尽管他的主动投资收益率早已超过指数投资。他曾在每年一度的《致股东的信》以及媒体访谈中先后 10 次推荐了指数基金。

1993 年《致股东的信》："通过定期投资指数基金，一个什么都不懂的投资者通常都能打败大部分的专业基金经理。"

1996 年《致股东的信》："如果让我提供一点心得给各位参考，我认为，大部分的投资者，不管是机构投资者还是个人投资者，投资股票最好的方式是直接去买手续费低廉的指数基金，而且这样做的收益（在扣除相关费用后），应该可以轻易地击败市场上大部分的投资专家。"

1999 年巴菲特推荐书评："要想获得最大可能的市场收益率，就必须降低买入和持有基金的成本，而投资者要做的，就是买入运行成本低、没有或很少有佣金的基金，尤其是低成本的指数基金，然后持有尽可能长的时间。"

2003 年《致股东的信》："那些收费非常低廉的指数基金，在产品设计上是非常适合投资者的，对于大多数想要投资股票的人来说，收费很低的指数基金是最理想的选择。"

2004 年《致股东的信》："过去 35 年来，美国企业创造了优异的业绩，按理说股票投资者也应该相应取得优异的收益，只要大家以分散且低成本的方式投资所有美国企业即可分享其优异业绩，通过投资指数基金就可以做到，但绝大多数投资者很少投资指数基金，结果他们投资股票的业绩大多只是平平而已，甚至亏得惨不忍睹。我认为主要有三个原因：第一，成本太高，投资者买入卖出过于频繁，或者费用支出过大；第二，投资决策是根据小道消息或市场潮流，而不是根据深思熟虑并且量化分析上市公司；第三，盲目追涨杀跌，在错误的时间进入或退出股市。"

2007 年 CNBC 电视采访："如果你坚持长期持续定期买入指数基金，你可能不会买在最低点，但你同样也不会买在最高点。"

2008 年伯克希尔股东大会："我会把所有的钱都投资到一个低成本的跟踪标准普尔 500 指数的指数基金，然后继续努力工作……"

2014 年《致股东的信》："我对信托公司的要求非常简单：持有 10% 的

现金购买短期政府债券，另外 90% 配置在低费率的标普 500 指数基金上。"

2015 年《致股东的信》："6 年前有权威人士警告股价会下跌，建议你投资'安全'的国债或者银行存单。如果你真的听了这些劝告，那么现在只有微薄的回报，如果你当时买了一些低成本的指数基金，现在的回报能保证有不错的生活。"

指数基金的优点主要体现在：成本低且投资效率高，不会偏离市场；紧跟市场趋势，市场强势上涨时，大概率会跑赢其他多数基金，这些优势在与主动型基金的对比中比较明显。相信不少的人都会有这样的体验，看着别人家的基金蹭蹭上涨而自己买的就是不涨，于是一度怀疑自己买到了一只假基金。当然，我们在投资指数基金的时候一定不能盲目，而要用心选择一个"好"指数，对于持续上涨的指数，指数化的投资才是最有效的，如果是一个"扶不起来的阿斗"，则要非常非常慎重了。

巴菲特推荐的是美国指数基金，而且一般说的是标普 500 指数，这个指数的成分股是优胜劣汰的，就相当于给投资者选股调仓了。A 股在指数方面跟美股还是有差距的，国外的先进经验我们要去学习，但要看清楚别人的投资逻辑，千万不能照搬。这不，标普 500 指数从 2015 年至今每年一个新台阶，我们的沪深 300 指数则是从 2015 年以来一直萎靡不振，如果教条地投资沪深 300 指数，这几年的收成并不好。

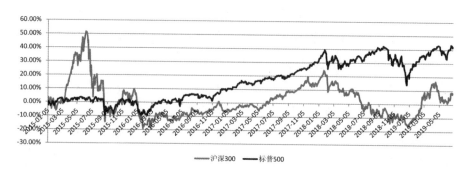

注：数据来源于万得资讯，丰丰整理。

　　同样是投资指数基金，投资标普 500 指数在大多数的年份收益都会比较好，而如果投资的是沪深 300 指数，则大多数的年份收益都会很差。

　　那么，是不是在中国就不适合做指数基金的投资了呢？也不是。A 股市场上的指数各种各样，不止沪深 300 指数一种，能查到的指数至少有 600 多种，这些指数大抵可分为宽基指数、行业指数、策略指数、主题指数、大数据指数这么几类，其中宽基指数是最为大家所熟悉的，比如广泛用作指数基金基准的沪深 300 指数和中证 500 指数就是典型的宽基指数。这些指数往往具有很强的代表性，那么指数基金投资该如何选择呢？

　　首先，选好指数再选基金。

　　指数基金的投资目标是跟着指数走，一般来说，跟指数本身的走势比较趋同。不同的指数走势差别很大，挑选一个合适的指数是投资指数基金的关键，得做足了功课才能去决定，千万不能以追热的方式去投资。

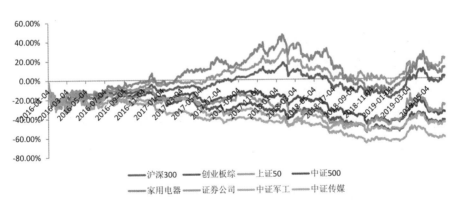

注：数据来源于万得资讯，丰丰整理。

　　一般来说，行业指数基金容易走偏，而行业相对较为均衡的宽基指数则相对"稳当些"。比如沪深 300 指数、中证 500 指数是大家投资最多的两个指数，对各行业的覆盖率比较高，可以力争较为稳定地获取市场平均收益。一般而言，即使考虑经济周期的扰动因素，股票市场长期来看还是会随着经济的增长而增长，所以，投资者的投资也会随之获得较为稳定的收益。

选好指数后，我们再去选相应的基金就行了，指数基金的命名是有规则的，一般都叫"××指数基金"，所以很容易找到。在具体投资方法上，对于一般的投资者，可采用"低买高卖"，在市场低迷时入场，在市场高涨时退出。对于专业投资者，也可采用波段投资等方法。

其次，A股指数选增强型。增强型指数是在跟踪指数的时候，基金经理可以根据自己的能力进行一些"微调"。比方说，每只股票的投资比例不是完全按照指数本身的比例，而是自己看好的股票多投点，不看好的股票少投点。这样长期下来，在总体走势跟指数差不多的情况下，能够力争每年比指数的收益更好些。

最后，优选管理公司和基金经理。

指数基金是被动式投资，运作相对简单。但其跟踪的基准指数分析和研究是个复杂的过程，需要精密的计算和严谨的操作流程，需要投入大量的人力物力。一般来说，基金公司实力越强，付诸投研的成本就越高，投资水准更高。同时，基金公司在产品类别方面，也有自己的一些偏好，可以优先选择在量化投资和指数基金方面比较擅长的公司。

通常指数基金是团队作战，基金经理比较关注长期的业绩。因此，在选择基金的时候，最好选择最近3年都是同一个基金经理管理的基金。

第四节
基金定投：告诉你一个真实的定投

不少小伙伴是从做基金定投开始的，对基金不太了解的人，小富也是经常用基金定投来作为基金投资"入门"的体验。基金定投在资金投入的模式上与存款的零存整取是非常相似的，每个月定时投入一笔相同金额的资金，要用钱的时候就一次性全部取出来。不同的是，存款的利率是固定的而且是不会亏本的，基金定投如果投的是股票型基金的话，净值就会波动，也就会产生盈亏。

华尔街流传的一句话："要在市场中准确地踩点入市，比在空中接住一把飞刀更难。"既然我们无法知道哪个时间点是最佳买入点，当然也不知道哪个时间点是最差买入点，不求最好，但求不要踩到最差的点，我们不妨通过定投的方式来享受平均的市场回报就好了。基金定投采取分批买入法，就弥补了只选择一个时点进行买进和卖出的缺陷，可以均衡成本，使自己在投资中立于不败之地。

对于我们个人投资来说，选择了基金定投，就可以有效地克服有关买卖时点的"选择困难症"，相信不少小伙伴都会有这样的经历："买了就跌，卖了就涨。"我们的基金定投就是以不变应万变：你涨，我买；你跌，我也买；反正我每次买的金额不大，市场不可能是只跌不涨的，当涨起来的时候就是我可以收获的时候。而且，基金定投一般都是自动扣款，也不用怎么操心打理，所以也素有"懒人理财"的美誉。

说到基金定投，最知名的应该就是"微笑曲线"了。"微笑曲线"是宏碁集团施振荣在1992年提出的。意思是双向发展，研发和营销两手都要抓，两手都要硬。不知道这个理论何时被引入基金定投理念，我们许多证券投资知识来自美国，但美国指数涨多跌少并非"微笑曲线"，所以这个理念很可能来源于台湾地区，因为台湾地区很多年都是以震荡市为主，这个曲线最适合的就是震荡市。

基金定投之所以能够"芳名远扬"，这与其手续简单、分散风险等特点密切相关。我们要定投的话，只需签一次约，此后每期的扣款申购均自动进行，一般是以月为单位的，每个月自动扣款。当然，现在会更多样化点，按周定投，或按两周、三周、每季定投的基金都有，品类繁多。那么到底是按月定投好呢，还是按周收益更高呢？小富为此专门进行了长时间的数据验证，

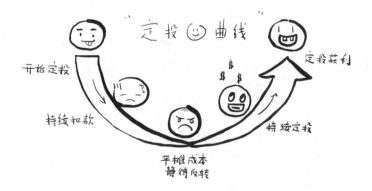

得到的结论是：长期来看，比如 3 年、5 年这样的周期，实际收益跟所选的基金关系很大，跟定投的周期关系不大。一次性投资收益高还是定投收益高也是不确定的，这得看行情。

一般来说，在上涨行情中，一次性投资收益会更高些。如果是先跌后涨的行情，定投的收益更高些，就是我们所看到的"微笑曲线"。但如果是先涨后跌的行情，反而是非一次性投资收益更高些，这个时候定投的"微笑曲线"就是倒置的，有点意思吧。"微笑曲线"并不一定是上扬的，也可能是朝下的，当然，我们也可以把这种曲线称为"苦瓜曲线"，就像是一张不高兴的苦瓜脸。

定投受大家欢迎还有一个原因，就是积累闲散的资金。尤其年轻人，收入可能也不多，平时买买这买买那，每个月末也所剩无几了，如果没有理财的习惯，可能工作几年下来仍然是个"月光族"。定投就可以起到"聚沙成塔"的作用，在不知不觉中积攒一笔不小的财富。同时，能够在定投过程中对理财有一定的体会，这样才能够在以后好好地管理财富。

中国的孩子普遍缺乏财富管理教育。这其实也难怪，过去很多人在温饱线挣扎，难有结余。随着经济发展大家开始略有结余，但理财缺乏有效的途径，大多数家庭将钱存在银行或者买房子，胆子大一些的炒炒小股。理财类产品出现百花齐放也就是最近 10 年的事。小富现在就经常建议客户为自己的子女做一些基金定投，让投资伴随着孩子的成长，这样他们对投资的理解就会更深刻一些。

投资既需要正确的理念，也需要正确的方法，更需要时间的累积。这样的投资，不再只是冰冷的数字游戏，也含有长辈对晚辈的关怀，饱含着人生的温暖。

定投不用考虑时点。投资的要诀就是"低买高卖"，但却很少有人在投资时掌握到最佳的买卖点获利，为避免这种主观判断失误，投资者可通过定投计划来投资市场，不必在乎进场时点，不必在意市场价格，无须为短期波动而改变长期投资决策。资金是分期投入的，投资的成本有高有低，长期下来平均成本比较低，最大限度地分散了投资风险。

为了避免"苦瓜曲线"，近年来，有一些基金公司对自己公司的产品进行了分析，在原有的"每月扣款"的基础上加了一些策略，也就是这次扣款如果是拉高了成本则不进行扣款，如果是拉低了成本就扣款，或者简单来说，前面的投资是亏损的则继续扣款，如果前面的投资是盈利了，就不进行扣款，这样就人为地制造出了一条"微笑曲线"，等到收益达到目标值，就提醒投资者止盈。这是对原有定投的一种改进，不过小富认为还有一点很关键，那就是并非所有的基金都适合这样操作，比如指数基金和主题基金就不太适合，一般是要选择在行业方面相对比较均衡的，能够真正"穿越牛熊"的基金才行，如"长牛基金"就非常适合这样的策略。

同时，定投还会有复利效应。复利也就是利滚利，只不过这个利滚利不是银行给的或谁约定的，而是在投资过程中，本金和收益会自动计入下一个交易日的本金，同时，基金有时候要分红，也可以选择"份额分红"，这样赚的钱就会不断地滚下去。本金所产生的利息加入本金继续衍生收益，通过利滚利的效果，随着时间的推移，复利效果越明显。定投的复利效果需要较长时间才能充分展现，因此不宜因市场短线波动而随便终止。当然，这样的前提是认为定投长期是可以盈利的，但这也不是绝对的，定投也会有亏损。基金定投并非一项稳赚不赔的投资。

任何一项投资都有其局限性，不少人将基金定投"神化"了，包治百病的药一定是假药，投资也是一样，每种投资方式必然是有利有弊的。近几年中国股市不太好，很多基金也被套了，不少机构就将基金定投作为破局利器，但有些宣传不太客观。为此，小富对基金定投专门进行了总结，以还基金定投一个真面目：

基金定投是个好方法，但并不是什么样的基金都适用做定投。基金定投要取得好的收益，取决于最后的时候基金会涨，一直在横盘或者一直往下跌是不行的。在实际中，很多人选择了指数型基金或者一些主题基金，往往定投了几年都没有回本。实际上，适用于定投的基金也是要去精挑细选的，最好是选择一些经历过完整的熊牛市周期的、久经市场考验的基金。

并非波动越大的基金越适合定投。针对波动的事，往往会有两种极端观念，一种是认为定投货币、债券这些波动比较小的基金较好，当然这类基金作为"攒钱"的作用是可以的，但起不到分散风险的作用。还有一种是认为基金波动越大越好，然而所谓的波动越大越好只是理论上的，在实际中的低点并不一定是你投资那个点，定投效果的好与差更多地要关注基金以后能涨多少而不是能跌多少，谁知道跌下去后多长时间才能涨回来呢。

周定投与月定投并无好坏之分。现在不仅有周定、月定，还有日定，到底哪个好呢？有些人可能会展示，周定如何如何可以超越月定，这实际上是犯了"以偏概全"的错误。从长期数据验证下来，同一只基金，不管是月定还是周定、日定，差异并不明显。只有在特定行情中才会有差异，比如说，短时间内市场在回调后开始上涨，周定和日定由于在低位收集到的筹码更多，上涨效果会更好，但实际上，每天的行情都不一样，如果用过去"有效"的经验来推测未来，就相当于"刻舟求剑"。

有人说，定投得有"定力"，一直投下去就行了。这话不能说是全错，但只能说是对了一半。对的部分是要"坚持"，基金定投的确难在坚持，能够一直坚持长期定投的投资者非常少，特别是在行情比较差的时候，没有见到投资效果的时候，很多人都会因此"停扣"。但不够正确的方面是，投资者不能死守，还是要对基金的管理情况进行动态检视，该调整基金的时候还是要调整。我们见过不少的案例，一只很好的基金换了基金经理后，业绩就大不如前了。如果此时死守，往往就会造成较大的损失。另外，中国的市场在牛市中泡沫比较大，所以在牛市中不能一味地去投，还要懂得及时地收割，尤其是长时间定投后积累了大量的盈利，可以选择先收割了再投的方式，避免市场大幅下跌时造成盈利回吐。

第八章

高低风险一线间：这些投资要看清

有些看似"高收益低风险"的投资类别其实是因为出现风险的概率比较小。但一旦出现，杀伤力是非常高的，不能抱着侥幸的心理当成低风险的投资。

第一节
被当理财产品买的信托：没那么简单

"小富，我想买个信托产品，听说是8%的收益，可靠么？"小富经常会收到这样的咨询，对于大多数去买信托的人来说，很多时候还是依赖于刚兑的信仰，并没有搞清楚信托是咋回事。

实际上，信托是一个非常宽泛的概念，所谓的"信"，就是相信，"托"就是托付，是基于信任将资产托付给他人进行打理。从这个意义上，基金、理财产品等资管产品都是一种信托。

在实际的投资理财中，信托一般是指投资类信托和家庭信托。投资类信托是以投资收益为主要目的的，也是大家平时买得比较多的类别，一般是根据资金的不同投向，有工商企业信托、基础设施信托、房地产信托、证券投资信托等，这些信托都是以投资收益为主要目的的，而家庭信托则是以资产保全和财富传承为主要目的的。由于家庭信托基本上都是有几千万资金的家庭才会考虑的，我们在此就不作讨论了，大家平时说的信托也基本上都是指投资理财型的信托。

很多人对信托感兴趣，都是奔着信托的高收益来的，"稳不稳当"往往是大家最关心的核心问题。但这个问题就像是问基金会不会亏钱一样，得"具体问题具体分析"。信托可以有很多种投向，资金的投向不同，收益和风险完全不一样，所以这事不能一概而论，信托的风险情况得看具体投资的标的情况。

我们就先说第一类，就是证券投资信托，这一类有投资于货币市场的，也有投资于债券和股票市场的。跟我们平时的基金基本上是一样的，所以看着投资的标的去对标基金就能看得懂了。跟基金最大的区别其实就是管理人不同，有些信托公司的主业不一定是在这块，所以管理得好不好，最好看看过往的业绩情况，别听了宣传就去投。

投资长期非标准化的资产是信托公司的特长，所谓的非标准化，即不是在公开市场上交易的、很难转让的一些资产。比如说，一些房地产的项目、企业的应收款、地方政府的基建项目等。在投资这块，收益与风险一般都是呈正比的。这个风险是比较广义的，既有可能收不回来本金的信用风险，也有不能及时变现的流动性风险。

信托的高收益实际上就是用这两种风险换来的，流动性风险还好，我们做好自己的资金安排，按照合同约定持有足够长的时间就好了。我们更关注的是本金可能拿不回来的信用风险，而这个信用风险的杀伤力非常大，很可能本金会全部亏损掉，而不是像投股票那样只亏损一部分，这种杀伤力一定程度上大到让不少人对信托产品望而却步。

为了解决这个问题，以前往往是靠信托公司刚兑，由信托公司接盘，通过公司的盈利消化或者用时间换空间慢慢处理。自从资管新规发布后，"打破刚兑"是一个明确的要求，所以不管是信托投资也好，其他投资也罢，都要看投资的标的风险情况再做决定，不能再抱着刚兑的心态去买。

在购买信托产品时，也要根据自己的资产情况和对投资标的的了解情况来进行分析。对于比较资深的投资者，可以选择自己看得懂的有一定把握的高风险、高收益的信托产品；如果是刚入门的新手，最好选择一些稳健的信托产品。同时，要注意分散投资，"把鸡蛋放在一个篮子里"向来是投资的大忌。不管怎样，对于投资来说，适合自己的才是最好的。

在过去的若干年，大部分投资信托的投资者都得到了很好的回报，不仅投资收益比银行理财高一大截，没有遭受像投 P2P 那样"血本无归"。但是也会有例外。张女士同大多数的投资者一样，常年在银行做理财，理财经理小王每次都会热心地提醒张女士理财到期了，要过来续存了，并热心地帮张女士选择收益高一点的理财产品。两三年下来，张女士对小王也是非常信任，小王建议买哪个产品就买哪个产品。

2016 年的某一天，小王建议她拿出 300 万元购买收益更高的信托产品时，张女士以为信托跟银行其他理财产品一样，产品"稳当"收益又高，也没多问就赶紧买了。在购买了信托产品半年后，张女士的 20 万元收益如期到账了，但在下一个兑付日时，张女士收到了小王的电话，说产品出了点问题，钱可能得晚点到。这种情况还是第一次遇到，张女士不禁有点犯嘀咕。但在小王的再三解释下，她还是签了一份"延期函"，但在延期了 3 个月后，她同样没能按时收回资金。300 万的投资，她仅收回了 20 万，而小王却再也联系不上了。张女士也被告知小王因违反了"私售非准入产品"的规定而被开除了。即便是走法律的程序，也只能说是银行有不规范的地方，从投资的合同来看，不管是银行或者信托公司都不会承诺"保本保收益"的，投资人很多时候是"有理无处说"。

所以，对于我们投资者来说，自己把好关才是最关键的。小富也会经常提醒客户，要对产品的投资范围有比较深入的了解后再考虑是否投资，产品的风险评级有时候只能作为参考，涉及投资标的、担保情况时都要逐一评估，绝对不能只看预期收益或者业绩基准数字就投资。

在银行购买的投资类产品都可以通过银行的官网查询是自营的还是代销，即便是代销产品，银行一般也会对产品的风险情况进行评估，相当于给投资者把个关，如果在自营和代销产品里都查不到，那"私自销售"的可能就很大，投资会承受更大的风险。另外，一般银行销售都是通过银行的统一渠道进行购买，不管是柜台，还是手机银行、网上银行，都是可以直接购买，而不需转账。如果是非银行代销的产品，要购买产品就只能转账了。但话又说回来，在产品销售过程中银行对代销的产品起了一定的把关作用，但并没有担保或刚性兑付的义务，所以自己的投资还是要自己把握，不能完全寄托在银行身上。

第二节
看似安全的股权质押：证券公司自己都栽里面了

股权质押，顾名思义，就是公司的大股东把股票质押给投资者，到期后按照约定的利率支付本息。由于股票是可以随时在股票市场上买卖的，质押时一般会打 5 折或者 7 折，下跌到一定程度是可以通过在市场上卖掉而保护投资者收益，同时收益率又比较高（一般会达到 8% 到 10%），曾一度被认为是一种性价比非常高的投资品种。

然而，A 股市场连续跌停，使这种看似安全的投资变成风险极高的投资。

2018 年，长生生物假疫苗事件牵动了无数人的心，没有底线的疫苗造假让无数的中国老百姓恨之入骨。一时间，长生生物成为众矢之的。自 7 月中下旬事件被曝光后，公司的股价就开始连续跌停，而最终在 2019 年的 3 月 5 日被要求退市，股价从 7 月 13 日的 14.55 元最后一路跌到了 1.51 元，价格一路下行，买的人很少，这也就意味着被质押的股票没法去卖掉平仓。

中登公司公布的数据显示，长生生物股权的质押比例高达 28%，而大部分集中于某知名券商，该公司的公告称，长生生物股东虞臣潘、张洺豪质押在该公司的股票共计 1.78 亿股，待购回金额 6.75 亿元。然而，长生生物高管对此表示，公司最坏的情况是退市，但质押给证券公司的股票是无力赎回的。在无人接盘时，该证券公司很无奈地被迫成为公司的大股东。而这背后，则是资产的大幅缩水。6.75 亿的投资基本上要做计提坏账准备了。

作为股权质押的主要推手，证券公司在这项业务上一度赚得"盆满钵满"。但成也萧何，败也萧何，这项任务在行情好的时候风险很低，在行情不好且市场缺乏流动性的时候，往往会成为爆雷的重灾区。

这样的例子还有很多，这两年不断有证券公司踩雷股权质押的消息曝出来，在无股不押的 A 股，在一路下跌的 2018 年，大家还一度担心市场会因为质押的平仓而造成踩踏事件。而作为个人投资者，我们是不是要更小心些呢？

即便是有股票做质押，我们还是要评估公司退市、遭遇连续跌停的风险情况。尽量选择一些盘子比较大、流动性比较好、财务状况和所处行业比较稳健的公司来投资，即便少收两三个点的利息，也比本金全部亏掉好。

当然，这项业务一定要作为高风险投资来参与，严控投资的比例。万不可小看风险甚至把自己的全部身家都投进去，一旦踩雷是谁都救不了的。

第三节
专买便宜货的定增基金：亏起来也挺惨的

定增，也就是股票的定向增发。意思是公司新发的股票只卖给指定的某个人或某些人，一般会有一些折价，比如说，现在公司的股票在市场上卖 20 元一股，但我定向增发的时候卖给大家只用 18 元一股，甚至 10 元一股，这不明摆着是在"捡便宜"吗？

在刚刚经历过"股灾"的 2016 年，定增成了最火爆的产品，有的定增产品当年的最高收益曾达到 97.30%，这也难怪，人们像找到了救命稻草一样疯狂地购买定增基金。另一方面，很多企业很缺钱，怎么办呢？发定增呗。于是在 2016 年上半年，就有 328 家 A 股上市公司实施了定向增发方案，融资金额总规模 8219 亿元，与 2015 年同期的 2856 亿元相比增加了 187.72%。

定增市场的火爆带动了定增基金的火爆，不少基金公司纷纷加入这个"技术含量"不高的业务中，因为定增有锁定期，只要买了就动不了，等锁定期满了才能买卖股票，一般的股票会有 20%～30% 的折让，也就相当于有了 20%~30% 的安全垫。但随着参与定增人数的增多，作为定增的卖方上市公司傲娇起来了，一些公司把折让缩小到了 10% 以内，甚至需要溢价定增！意思就是说，比在二级市场上直接买还要贵，而且一般还有半年或一年的锁定期。

疯狂的背后总是暗藏风险！而这个风险正是由锁定期造成的。谁都无法保证未来股价不跌破当时的定增价格。而给定增以致命一击的还有"减持新规"。2017 年 5 月底，证监会的"减持新规"，对定增的减持比例提出了明确的要求，这意味着，即便锁定期满，基金公司也需要再花很长时间才能够把定增的股票全部卖出来，这又增大了定增基金的风险。

在定增火爆的时候，某些基金公司抓住市场机遇，主打"定增基金"，一时间陡增至千亿规模，但"成也定增，败也定增"，除了市场因素造成的影响外，定增基金盛极而衰，并多次踩雷。2016 年 7 月 27 日，乐视网

（300104. SZ）发布非公开发行股票发行情况报告书，宣布以 45.01 元/股的价格完成近 48 亿元的定增，某定增基金获配 3910.24 万股（17.6 亿元）成了最大的"赢家"。乐视网在当天的收盘价为 48.5 元。但到了 2018 年 6 月 21 日，乐视网收盘价仅为 3.31 元，该基金的定增目前浮亏超过八成，损失近 14 亿元。不过，在定增基金规模高度膨胀后，踩雷的定增自然不止乐视网。

国金证券（600109. SH）于 2015 年 5 月 27 日高位增发上市，发行价为 24 元/股，某基金获配国金证券定增股数量高达 3711.61 万股，在所有机构投资者中获配数量居首，共计投入金额高达 8.91 亿元。一年半之后，2016 年 11 月 21 日国金证券当日收盘价 14.26 元，相比当时实施的定增价，亏损幅度高达 40.58%，该基金浮亏金额达 3.6 亿元。

在股市低迷和"雷声"不断的情况下，众多定增基金开始出现大面积的大幅亏损，一度到了谈"定"色变的程度。

这两年，定增基金逐渐淡出了大家的视野，或许哪一天又会卷土重来。资本市场向来是这样，需要先知先觉，在大家开始疯抢的时候，或许往往是需要退出的时候。对定增来说，有足够的折让，在相关政策风险较低的情况下，仍然会是一个可以考虑的投资选项。

第四节
曾经火爆的新三板基金：你敢买吗

2015 年的中国股市很火，同时也带火了新三板。新三板市场原指中关村科技园区非上市股份有限公司进入代办股份系统进行转让试点，因挂牌企业均为高科技企业而不同于原转让系统内的退市企业及原 STAQ、NET 系统挂牌公司，故形象地称为"新三板"。目前，新三板不再局限于中关村科技园区非上市股份有限公司，也不局限于天津滨海、武汉东湖以及上海张江等试点地的非上市股份有限公司，而是全国性的非上市股份有限公司股权交易平台，主要针对的是中小微型企业。

从这里我们可以看出，新三板公司的股票不算是真正意义上的股票。一般的个人和公募基金都不会投资新三板，所以新三板市场的绝大多数公司只有"展示"功能，就像一个冷冷清清的商场，售货员比顾客多。

但是，新三板也曾热闹过，那就是疯狂的 2015 年，新三板的股票也曾"一不小心就涨个翻倍"。自然有些基金就嗅到了味道，开始发售一些私募基金产品，专门投资新三板的企业。公募基金是不允许投资非上市公司的，所以公募基金没办法投资新三板（再次强调，新三板上的企业不能称为真正意义上的"上市"）。

2015 年 4 月 7 日，新三板成指创下了 2134.31 点新高。新三板行情火爆，投资者自然对其热情满满，大量资本涌入新三板。2015 年有 3550 只新三板基金成立。这些基金期限通常设置为"2 + 1"，即 2 年封闭期加 1 年退出期。而这些投资资金怀揣的美梦是，两三年内投资的这些企业能够"鱼跃龙门"，在主板成功上市，这样就可能实现数倍的利润，即便只有少数几个公司成功上市，也会收到不错的投资收益。

但随着熊市的到来，新三板更是成了大家的"弃子"，新三板成指也在不停地刷新低。三年后的 2018 年，相比于三年前的盛况，新三板市场越发显得落寞了，股指也跌去了大半，而那些在市场行情火热之时成立的基金不仅收益惨淡，还面临退出的难题。

数据显示，2018 年有 172 只新三板基金到期清算，而绝大多数处于亏损状态。而比亏损更恼火的是"卖不出去"，因为没有人会接手，只有找公司大股东协商，但一般这类公司股东也比较缺钱。

实际上也确实如此，能通过二级市场交易退出的新三板基金仅为少数，许多到期基金选择卖给其他私募基金，这不免要再打一些折扣。

与此相对应的，则是新三板产品的管理人和投资人之间的纠纷频发。有的私募基金旗下新三板产品上半年到期，净值 7 毛多，但投资者要求按照保本加年收益 8% 清算，双方已经拉锯了好几个月。也有基金管理人宁愿多赔钱，也要选择提前清盘。

基金管理人为什么不与投资者商量做展期呢？用时间换空间多好。这是由于大家在中短期都不看好新三板市场。新三板流动性缺乏、估值上不去、好企业"出走"、IPO 艰难，投资面临非常大的风险。

新三板的投资已成往事，或许将来的某一天，新三板还会重新活跃起来，还会有人去投资么？答案是肯定的：肯定有人会去，而有些人肯定不会再去。对于我们来说，对于非流通市场的投资，还是要格外的谨慎。

第五节
神秘的私募股权基金：选择管理人很重要

私募基金是相对于公募基金来说的，是指通过非公开渠道发行募集资金的基金。一般来说，私募基金主要分为私募证券基金和私募股权基金。前者投资标准化的二级市场，而后者则是专注于投资非上市公司股权。

私募证券基金在投资方面与公募基金有很多相似之处，可以在一定程度上参考公募基金，只是在管理理念和风格上有一些差异。而随着金融业的发展，这种差异会越来越小。所以，对于私募证券基金我们就不再给大家做过多的介绍了。

小富在初次接触私募股权基金时，有种"脑洞大开"的感觉，因为它们的投资逻辑跟一般公募基金是完全不一样的。与公募基金追求企业盈利增长、股价上涨不同，私募股权基金主要投资非上市公司股权或上市公司非公开交易股权，追求的不是股权收益，而是通过上市、管理层收购和并购等股权转让路径出售股权而获利。

私募股权基金一般采用母基金的形式来投资，所谓母基金，也就是说，不是直接投资一些目标公司，而是投资若干个做私募股权的基金。

母基金作为专业的投资人，在私募股权基金管理人选择、有限合伙协议条款谈判方面，都比一般投资人有优势。而母基金对私募股权基金管理人的选择标准、有限合伙协议条款的标准，都能够对私募股权基金行业起到很好的引导作用。

私募股权母基金的业务主要有三块：一级投资、二级投资和直接投资。

一级投资是指母基金在股权基金募集时，对股权基金进行投资。由于股权基金是新设立的，投资时也就没有办法从股权基金本身的资产情况和历史业绩等方面来判断管理情况，故比较侧重于对基金管理人的考察。

二级投资是指母基金在股权二级市场进行的投资，一般是通过购买存续股权基金的基金份额和（或）后续出资额来购买股权基金持有的所投组合公司的股权。

第一只股权母基金诞生于 20 世纪 70 年代，当时的母基金无论是募资金额还是基金，数量都微不足道。90 年代初期，伴随着大量股权资本的涌现，母基金开始演变成为一种集合多家投资者资金的专业代理投资业务，且管理的资金规模逐渐增大。

对于投资者来说，投资股权母基金可以解决个人投资过程中遇到的分散风险、缺乏专业管理、难以寻找投资机会、缺乏资源、缺乏经验、资产规模较小等问题。一般来说，我们个人可以直接在股票市场上买股票，但直接去做风险投资的人还是极少的。母基金会把所募集的资金分散投资到很多个股权基金中，以避免单只股权基金投资的风险。就如同在一个新兴行业兴起的时候，风险投资对于头部的企业往往采用"都投"的策略，不管是哪个企业笑到最后，风险投资都能够获取较好的回报。只不过这样的投资风险被分散了，相应地收益也会降低，单个项目或许有几倍的收益，但是10个项目中可能只有一个成功了，总体算下来年化收益率可能只有20%~30%，并不特别惊人。

相对于成熟市场的投资，股权投资所需的专业化程度要求更高，研判未来市场、深入了解企业，这些都需要有专业的机构、专业的团队去做，同时还需要有这方面的人脉和资源来实现在这些领域的投资。因此，股权投资是一个门槛较高的投资类别，普通的投资者只能通过基金的形式来参与。对于投资者来说，选择了一只股权基金，也相当于是只能够去相信这个团队。

在股权基金投资中，规模的大小往往是一个问题。每家成长中的公司所需要的资金量是不同的，单个的投资者往往无法满足企业的资金需求，母基金可以通过募集合适的资金规模来实现有效的投资，从而实现对企业有效的"资金支持"。

股权基金的投资绩效如何呢？有美国的学者专门对此进行了研究，结果发现：股权基金在投资时，投单个项目面临亏损的概率是42%左右，而投资单只股权基金面临亏损的概率是30%。私募股权母基金由于采用了分散放的投资方式，亏损概率仅有1%，收益通常比较稳定。

股权基金的投资在互联网产业中是非常显著的，在20世纪90年代，股权投资就已经在美国推动高科技发展并创造巨额财富了，比尔·盖茨也在这个时段跃居全球首富。而在21世纪初，欧美经济增速渐缓，中国、印度等新兴市场却处在高速发展的阶段，现在阿里巴巴、腾讯等超级巨无霸公司就是那时在股权基金的支持下开始发展壮大的。

国内的私募证券基金很多，私募股权基金的门槛要高几个数量级，所以知名的并不多。国内的公司主要有：深圳市创新投资集团、联想投资、深圳达晨创业投资、苏州创业投资、上海永宣创业投资、启明创投、深圳市东方富海投资、弘毅投资、新天域资本、鼎晖投资、中信资本等。

国外私募股权基金发展得比较早，目前比较知名的主要有：IDG、软银中国、红杉资本、软银赛富、德丰杰、经纬创投、北极光、兰馨亚洲、凯鹏华盈、纪源资本、华登国际、集富亚洲、德同资本、戈壁、智基创投、赛伯乐（中国）投资、今日资本、金沙江创投、KTB 投资集团、华平创业等。

从 2000 年起，一大批中国互联网和新媒体企业登陆纳斯达克或者纽交所，为股权基金带来了不菲的回报。基金管理人的履历上如果有投资百度、盛大网络、分众传媒、阿里巴巴、无锡尚德、金风科技等明星标杆企业的经历，说明这些管理公司在资源和管理能力方面更有优势，更值得信任。

私募股权基金在退出时，最好的方式就是上市，也就是 IPO，但是退出价格受资本市场本身波动的干扰大。还有种比较常见的方式是并购退出，这也是不错的选择，通常也能卖个不错的价格。管理层回购是一种回报较低但尚可接受的退出方式。而公司清算则是一种投资失败后不得不进行的方式，这种方式往往会带来较大的亏损，甚至本金全无。

相对于丰厚的利润，股权基金的长期限投资让不少投资者有些犹豫。基金在募集时对基金存续期限有严格限制，一般基金成立的头 3 年至 5 年是投资期，后 5 年是退出期（只退出，不投资）。基金在投资企业 2 到 5 年后，会想方设法退出。因此，一般的私募股权基金的投资期限都在 7 到 10 年。

由于股权投资是投未上市的企业，期望能够通过几年的"栽培"而成长为更优秀的企业，甚至上市。因此，一些新兴的产业往往被股权基金所青睐，比如通信、互联网、传媒等，也包括一些新兴消费和医药行业等未来具有较大的成长空间的行业。

当然，私募股权基金也不是想投就能投的，而且投资的期限很长，在满足"合格投资者"的要求外，还需要有长期投资的思维和承担风险的意识。

　　不过，私募股权基金也是分享未来经济高速发展的最好形式之一，如果投资者确实有经济实力，拿一小部分资金做尝试也未尝不可，而且最好选择上述国内外比较知名的管理公司。

第 九 章

投资也创新：基金新鲜事

投资有时很"矫情"，越是大家捧上天的越是难有好的收益，每一个"爆款"的背后都是有故事的，看清楚了再投资。

第一节
基金也"网红"：背后有玄机

2017年，基金很难卖，很多公募基金疲于"保成立"，往往是募集一两个月才能募集一两个亿，还有些基金实在难以募集到足够资金，基金公司和销售渠道干脆就放弃了。但就在这样艰难的环境中，也有一些基金一天狂卖100亿、300亿，让一众同行们充满了羡慕和嫉妒。

2017年9月19日，封闭了三年打开申购的东方红睿丰，在每人限买10万元的情况下，单日销售额仍达百亿元的规模。

2017年10月24日，中欧恒利三年定期开放式基金一天销售74亿元，提前结束募集。

2017年11月8日，东方红睿玺三年定期开放式基金首发第一天就将基金的销售推向了高潮，一天吸引了近180亿元的资金，投资者获配比例低至11%。

2018年1月16日开始募集的兴全基金旗下产品兴全合宜灵活配置基金当天宣布提前结束募集，募集规模超300亿元。

......

这些爆款基金的出现，让寒冬中的金融人看到了远处的一点火光，也被大家疯狂地刷屏，于是它们有了个时髦的名字："网红"基金。

这些基金的大热，并不是没有原因的。热销的背后是采用三年封闭式管理所取得的优异业绩。在惨淡的市场环境下，突然有人告诉你，你三年前投资的××基金净值翻了一倍，你兴奋不？若投资者听到某只基金是明星基金经理挂帅，采用已经被证实的"价值投资"的方法去投资，可以真正地"穿

越牛熊", 不用担心未来市场是熊市还是牛市, 都有望取得可观的收益, 你敢不敢投?

应该说, "网红"基金的出现是价值投资在中国的成功例证, 也逐渐地深入人心。当然, 也不排除一些不明就里的跟风投资者, 这也是难免的事。

这也让不少的基金管理公司开始了深思, 公募基金一路走来已有近20个年头, 价值投资理念并非首次出现, 每一轮牛熊交替, 总能深切地感受到价值投资的重要性。但在股价屡创新高后, 这一投资理念随之被抛弃, 新兴的理论支撑着股价继续上涨。等到泡沫破灭后, 市场方才想起价值投资, 能够真正坚持价值投资的少之又之。

基金经理追逐热点的背后, 则是基民投资的短视。一两天看着收益还行, 一两个月就有点坐不住了, 三五个月, 没赚钱就赶快卖了, 最后的结果是, 基金经理的业绩很亮丽, 但大多数的投资者却没有赚到钱。有些基金经理为了满足基民追热点的"短炒"心理, 不惜放弃自己的投资逻辑, 往往造成了"双输"的结果。

怎么才能让客户赚到钱呢? 东方红、兴全、中欧等这些公司经过反复认证, 用表现对基民们说: 大家别瞎折腾了, 把资金交给我们三五年再看看结果吧。大多数投资者心里还是犯嘀咕, 那么长时间, 不会全部亏了吧? 当然, 也有一小部分的投资者抱着试试看的态度投了一点点, 这三年经过了熊牛市,经过了"熔断"的惨烈，亮丽的业绩让不少人侧目，原来长期投资还真的有效。

投资要取得好的结果，往往需要管理人和投资者能够"在一个频道上"，管理人得按照"说"的去投资，投资者当然也得有足够的耐心。

2018年4月20日，一日募集了327亿的"网红"基金兴全合宜净值为0.9577元，亏损了4.23%，引起了网上的一片热议，有不少人又怀疑自己的投资了。当然，也有不少的圈内人士表示，基金盘子太大，确实不太好操作。

实际上，截至2018年4月20日，同期上证指数下跌12.28%。兴全合宜的业绩是完全过得去，作为价值投资的基金，往往不会太在意短期的价格波动。就如同一个擅长长跑的选手，你去看他短跑的成绩显然是不合适的。

常言道贵在坚持。面对资本市场各种诱惑，这些长跑型基金经理又是如何长期坚持自己理念的？长期价值产品得到市场认可并非一日之功，背后原因多种多样，但这些公司建立长期考核机制是其中一个重要的因素。

基金经理能够长期真正坚持价值投资的背后则是公司的考核机制。东证资管目前采用五年作为投资经理的考核周期，同时把客户盈利作为考核的核心指标，这意味着公司已经形成与长期价值投资相对应的约束和激励机制。而兴全基金对于投资经理也是采用三年、五年这样的考核周期。但大多数公募基金公司并不能忍受如此长时间的等待，考评的时候往往是看一年的指标。如果我们看基金业绩的一年期排名就会发现，收益排名靠前的基本上是某个主题的基金，对于基金经理来说，要像押宝一样选择某个主题板块进行投资，今年押对了宝，不能保证明年还能押对，今年业绩很好可能明年就会很差。这就是大家常说的"明星常常有，寿星难寻觅"。

价值投资为何需要五年之久？实际上，所谓的价值投资，就是投资于公司未来的稳定的利润回报，而不是短期的主题炒作，这就相当于实业投资，投资回报周期自然也要遵循实业投资的节奏。而企业生命周期变化规律是以十二年为周期的长程循环，它是由上升期、高峰期、平稳期、低潮期等四个不同阶段的小周期组成，每个小周期分为三年。所以，价值投资的考核周期至少需要三年的时间，最佳是五年。从实践来看，一般在三年、五年这样的周期中，能够取得稳定增长的公司的价值能够得到充分的体现，市场的偏差会得到相应的纠正。

三年、五年的封闭式基金是对投资者的一种硬约束，投资者无法卖出。在投资的时候，如果是做好了规划，能够按照三年、五年的长周期去投资价值投资型基金，即便选择的是开放式基金，同样也能取得很好的投资效果。

当然，从只有极少数的爆款基金来看，这类的基金目前在市场上并不多。所以选择的时候千万别乱选，选错了基金难有好结果。

第二节
MSCI 指数基金：A 股越来越有国际范儿了

2018 年 6 月 1 日，A 股中 234 只股票终于被正式纳入了 MSCI 新兴市场指数。大家期待已久的"入摩"终于落地了。

为啥大家这么关注呢？

MSCI 即摩根士丹利资本国际公司，是美国一家指数编制公司，类似我们的中证指数公司，但其编制的是全球的股票指数，影响的是全世界的投资。

国外投资者在投资 A 股的时候都比较喜欢指数化投资，其实职业投资人在投资境外市场的时候一般也是如此。这样投资效率最高，指数里有什么股票我买什么股票就行了。现在 MSCI 新兴市场指数里有中国的股票了，那么境外的投资者在投资时，就会"自动"地购买到中国的股票。

人们普遍认为，2019 年第一季度 A 股的行情就与境外投资有关，如果真是这样，那么 MSCI 应该也是功不可没的。

一项投资好不好，有没有人买是关键。既然国外的大投资者都喜欢买

MSCI 指数，那么国内投资者也可以一块儿买。

实际上，MSCI 针对 A 股从不同维度编制了很多指数，MSCI 中国 A 股国际通指数中的成分股就是 MSCI 准备纳入新兴市场指数的股票，这个指数里的成分股才会真的有外资买入。

随着"入摩"落地，不少基金公司发行了 MSCI 主题基金，比如景顺长城、南方、招商、华夏、建信、易方达等一众基金公司都有这类基金，基本上都是按照指数化进行管理的。也就是说，MSCI 中国 A 股国际通指数里有什么股票，基金就买什么股票。

当然，哪些股票能够进入指数，是由 MSCI 说了算的。这家公司就像是一个选股专家，帮大家选好股票，大家直接跟投就可以了。从目前的情况来看，MSCI 中国 A 股国际通指数的成分股和沪深 300 其实是很接近的，实际的投资效果跟投资沪深 300 指数差不太远。尤其是一些管理得比较好的沪深 300 增强基金，实际投资效果可能要比投资 MSCI 指数的效果还要好一些。MSCI 指数与沪深 300 指数的差异会不会变大，只能走一步看一步。

第三节
FOF 基金：分工越来越明确了

这几年，FOF 基金有点火，金融圈的小伙伴多多少少都了解过一些。在国外，FOF 基金是投资者最常投资的基金之一。所谓 FOF 基金，就是基金中的基金，意思就是这个基金要投资其他的基金，而不是直接投资股票或债券。这就有点意思了，我们在前面了解私募股权基金的时候也提到过，私募股权基金的母基金实际上就是一个 FOF 基金。

相信不少投资者都有基金投资失败的经历，原因要么是自己的投资计划没有安排好，要么是基金管理得不好。FOF基金其实就是帮大家干了这个事，既然大家需要资产配置和筛选基金，专业的人干专业的事，一般的公募基金没有干的事FOF基金帮大家干。FOF基金帮大家配置，今年是股票配多点还是债券配多点，还得投弄一点黄金。一般投资者不知道哪只基金好，FOF基金帮大家做选择。FOF基金就像一个体贴的长辈一样，把资产配置和筛选的事情都给大家全方位地做好了。

很多小伙伴不仅看到过FOF，还看到过ETF、LOF、QDII这样的基金名称，有不少人分不清楚。实际上，它们是完全不同的。

我们知道，基金一般分为开放式基金和封闭式基金，ETF基金和LOF基金是开放式基金，可以随时向基金公司申购或赎回基金，它们跟一般开放式基金不一样的地方在于它们也是交易型基金，也就是说，可以像买卖股票一样在股票账户买卖。

ETF基金和LOF基金的最大区别是它们的申购赎回方式。ETF基金是投资者用"一篮子"股票来申购ETF基金份额，赎回时拿到的也是"一篮子"股票，所以申购、赎回ETF基金需要的资金量大，一般都是机构投资者在做，个人投资者只是通过股票账户进行买卖就可以了。LOF基金无论是申购赎回，还是买入卖出，都是用现金和基金份额进行交换。ETF基金因为申购赎回都是"一篮子"股票，所以它的仓位可以做到满仓，而LOF基金要应对基民赎回，一般不会满仓。不过，这样操作的大多数都是机构投资者，为了方便大家的买卖，ETF基金一般还会有ETF链接基金，就可以通过银行账户直接买了。

QDII基金指的是投资海外的基金，在2007年第一批的QDII基金初次"出海"呛到海水后，现在基金公司越来越有经验了，目前的QDII基金以投资香港市场和美国市场为主，大家也对这两个市场相对要熟悉一点，现在也有一些投资于印度、欧洲和日本的QDII基金。

基金在投资的时候要使用当地的货币买，投资者在买基金的时候是可以使用人民币的，基金公司就要把钱换成当地的货币再投资，当我们赎回的时候，基金公司就要在海外市场把持有的股票卖了，把资金再换成人民币还给投资者。因此，投资者的投资收益不仅包含了股票的盈亏，也包含了换汇的盈亏。比如说，我们投资美国的股票赚了 5%，同时美元兑人民币升值了2%，那么这两部分的收益合在一起（当然不是简单相加的关系）就是我们投资的实际收益了，由于要换汇，境外投资赎回的到账时间要慢一些，正常情况下要 7 个工作日左右。

QDII 产品同样要受到外汇管制，每家基金公司会有一些"外汇额度"，并不是想买多少就能买到。我们经常会看到这类的产品"限购"，就是因为这个原因，这可能也是参与的人少的原因吧。尤其是人民币贬值周期下，QDII 往往是"一票难求"，如果看好了下次机会尽量要早些动手。

搞懂了 ETF、LOF 和 QDII 基金，就很清楚了，FOF 基金更强调投资形式，它的投资标的是其他基金，既可以是公募基金，也可以是私募基金，它不直接投资股票或债券，而是通过投资其他基金间接持有股票或债券。多了一层嵌套，这样就会多一层收费，FOF 基金的交易成本较高，但由于进行了再次分散化投资，比直接投一只基金风险要低一些，适合追求偏稳健收益的投资者。

FOF 基金一定程度上突破了基金公司自身投研能力的局限，对自己不擅长、做不好的投资，通过投资其他公司基金产品的方式来实现。为了节约费用，同时也为了支持自家业务，很多的公募 FOF 基金还是以投自家的基金产品为主。

这两年大热的养老 FOF 基金，也大多是采用较为稳健的形式在进行投资。不过大多数人的思路还没有转过来，往往还是喜欢一年封闭型的产品，其实不管是一年封闭还是三年、五年的封闭产品，都需要坚持长期的投资才能够显示出此类产品的优势。当然，随着时间的推移，这类基金哪家做得更好也会显现出来，也会为大家的投资提供一些数据上的支撑。

第四节
战略配售基金：计划总是赶不上变化

要问 2018 年最火爆的基金是哪类，当然非"战略配售基金"莫属。2018 年 7 月，招商、易方达、南方、汇添富、嘉实、华夏六家基金公司负责管理的 6 只战略配售基金正式成立，合计募资 1049.18 亿元，成为基金史上的又一奇迹。

战略配售基金是何物？为何有如此神力？

战略配售即证券发行人首次公开发行股票时，向战略投资者定向配售。战略配售基金是为"独角兽"们的回归来准备的，之所以没有叫"独角兽"基金是为了避免大家过分解读。这些高大上的公司的"原始股"普通投资者只能像买彩票一样，中签率很低，但有了战略配售基金，投资者就可以坐享"战略投资者"的待遇了，疯抢是必然的。

再看下过往的数据：且不说新股上市短期的一般会冲几个涨停板，一般会有妥妥的 50% 至 100% 的收益，我们去迎接的还是像百度、阿里巴巴、腾讯、京东、网易、携程等这些超级明星的回归。因此，战略配售基金从出生起就带着"明星光环"。

在大家火热的同时，也有专家提醒大家说：由于 CDR 与独角兽 IPO 发行数量、战略配售基金获配数量以及固收类资产配置比例均存在不确定性，这将使 6 只战略配售基金的收益预期存在一定的折扣或波动风险。而且，对比历史经验，6 只基金在半年后上市交易时可能会面临场内交易较净值折价约 5% 的风险，且场内交易换手一般并不活跃。这些都决定了战略配售基金更多具有的是配置价值。

换句话说，这类基金能拿到多少"独角兽"的份额还不确定。即便单票收益高，但份额少，收益同样上不去。就像一般的打新基金，收益目标一般定为超过理财，而不是能定在20%、30%这样的投资目标。同时，这类基金是三年封闭的，三年内无法赎回，半年后可以通过股票账户像买卖股票一样买卖，但一般接盘的人比较少，所以折价卖的可能比较大，而且还可能没人接盘。

投资的风险提示是一定要看的，有些提示是"官话"，风险不一定会发生，有些风险却是实实在在地可能要发生的。就像是上面的提示，真的实实在在地发生了。

到了2019年的1月份，战略配售基金满6个月了，如果想退出的投资者可以通过股票账户卖出。我们统计了这几只基金的收益情况，这几只战略配售基金的平均回报率约为3.26%，算成年化收益率的话就在6.5%左右。这个收益率的背后，是"独角兽"回归受阻，暂时被"搁浅"了，无"兽"可投的情况下，基金就把资金配置了债券，收取一些利息，好在2018年是债券牛市，收益还是很不错的，要知道，在2018年做股票的基金经理说自己只亏损了不到20%，那绝对是一种荣耀。投战略配售基金的投资者算是逃过一劫了吧。

没有等来"独角兽"的战略配售基金，先等来了科创板，在科创板打新方面，战略配售基金仍然是享有优先权的。战略配售基金未来会怎么样，让我们拭目以待吧。不过可以肯定的是，"战略"基金还是会基于长期的考虑，对于追求短期收益的投资者来说，肯定是不适用的，所以，想着"暴富"的人投资这类基金一定是不会"暴富"的。

第五节
神秘的社保基金：成功的 "活教材"

社保基金几乎跟我们每个人都相关，但真正了解清楚的人并不多，当然也包括小富。社保基金其实是很重要的，关乎我们每个人的利益，不仅关系到我们的养老资金够不够、医疗费用还能不能足额报销，也对资本市场有着举足轻重的影响。所以小富就下决心整理社保基金的 "干货"。

1. 社保基金分社会保障基金和社会保险基金，不是一只基金。

很多人认为社保基金是一只基金，其实不然。社会保障基金是由国有股转持划入资金及股权资产、中央财政拨入资金、经国务院批准以其他方式筹集的资金及其投资收益形成的由中央政府集中的社会保障基金。初始规模是200亿元，目前规模超过2.2万亿元，目的是当人口老龄化达到高峰之后用来补充养老金等的资金缺口，避免未来财政压力过大。

咱们平时缴的以及平时常接触的叫社会保险基金，也就是 "五险一金"，由于实行地区统筹，常常听说某某地出现亏空的就是这个基金。

姓名	全国社会保障基金
操盘机构	全国社会保障基金理事会
初始资金	财政划拨200亿元
目前总资产	超过2.2万亿元
成绩	18年中投资滚存收益达1万亿元
收益率	年化8.4%

由政府、单位、个人三方共同承担

政府　单位　个人

医疗　失业　生育　工伤

养老　五险一金　公积金

2. 哪些基金公司具备社保管理资格？

社保基金一直是市场关注的焦点，实际上，社保基金本身不是社保局在管，而是委托基金公司、证券公司这些专业的投资机构管理。而成为社保基金（主要是社会保障基金）管理人，对于各大基金和券商而言，管理社保基金没有营销费用、渠道成本，只需要做好业绩即可。基金管理人既可以获得实实在在的收入实惠，还可以在行业和市场中获得良好的名声和口碑的认可。

社保基金管理人的竞聘分别在 2002 年、2004 年以及 2010 年进行了三次。2002 年底，社保基金聘请嘉实、南方、华夏、博时、长盛、鹏华六家基金公司为第一批管理人；2004 年，易方达、国泰和招商成为社保基金第二批管理人。两次共选出了 9 家基金公司和 1 家券商作为管理人。2010 年，大成、富国、工银瑞信、广发、海富通、汇添富、银华入选，中信证券则成为唯一取得新的管理人资格的券商。至此，共有 16 家基金公司和 2 家券商成为社保基金管理人。管理社保及企业年金规模排名前五的公司是嘉实、华夏、博时、工银瑞信、易方达。

自基金成立 16 年以来，基金权益投资收益额 8227.31 亿元，基金权益年均投资收益率 8.37%，这个收益确实还是很不错的。以前，我们都有个误解，认为社保基金是追求绝对收益的，会要求管理的公司别把钱亏了。实际上，社保局对风险的态度还是很市场化的，不是要求管理公司要非常"稳"，而是自己已经做好了资产的配置，给管理公司投资股票类资产的只是很小的一部分，大部分的资产投资于债券，在稳稳地收利息，所以一般来说，只要管理公司的管理业绩比市场的平均水平高，社保局还是比较认可的。很多老是想把钱全部投资于一个地方来"赚"一把的人得学学了，社保局都没办法做到"稳赚不赔"，就别说我们了。做好自己的资产配置才是王道。

3. 神秘的社保基金都投什么股票？

很多人对社保基金投资什么股票很好奇，我们也进行了一些总结。社保基金对机械设备行业情有独钟，对于信息技术、医药、石化、电力这些行业的偏好比较漂移，会定期做调整。

2018年第二季度社保基金持股市值较大的前十家上市公司分别为格力电器、美年健康、乐普医疗、华东医药、京东方A、紫金矿业、华侨城A、中国核电、海澜之家、伊利股份。

机构种类	所持股票数量	增持	减持	新进	持平	持仓市值最高的前三个行业		
2004年四季度	131	44	39	39	9	机械设备	交通运输	金属非金属
2005年一季度	137	49	36	38	14	机械设备	交通运输	金属非金属
2005年二季度	143	35	49	48	11	机械设备	电力、供水供气	交通运输
2005年三季度	166	43	24	88	11	机械设备	电力、供水供气	交通运输
2005年四季度	210	86	20	89	15	机械设备	电力、供水供气	交通运输
2006年一季度	236	85	30	106	15	机械设备	交通运输	金属非金属
2017年一季度	648	165	212	102	169	机械设备	信息技术	社会服务业
2017年二季度	605	188	168	107	142	机械设备	社会服务业	医药生物
2017年三季度	591	159	183	119	130	机械设备	信息技术	金属非金属
2017年四季度	551	137	189	108	117	机械设备	信息技术	医药生物
2018年一季度	530	144	152	109	125	机械设备	医药生物	信息技术
2018年二季度	555	150	135	146	124	机械设备	医药生物	石化化工

4. 中国有哪两种养老基金入市？

说到养老基金，目前也是有两种，一种是社保的养老基金，另外一种叫养老目标基金，是一种公募基金。

社保的养老基金累计结余接近4万亿（2015年），经估算，其中可交给社保基金进行投资运营的资金约2万亿。根据《基本养老保险基金投资管理办法》规定，养老金投资股票（或股票型）产品的比例不得高于养老基金资产净值的30%，养老金入市不会直接达到上限，参照社保基金（入市比例12%左右）和险资（上限30%，入市比例14%左右）的历史数据，预计养老金入市的比例在 12% 左右，规模接近 2500 亿元，仅占 A 股总市值的 0.45%，整体影响不大。

社保基金的知识，你"get"了么？小富梳理完这些内容后最大的感受是对社保的未来充满了信心，你呢？

第六节
未知的科创板基金：咨询的人很多

要问 2019 年最火的基金是哪只，那就应该非科创板基金莫属了。怀揣着对科创板未来美好前景的向往，科创板基金未发先火。就连平时从来没有买过基金的人都来问小富，什么时候可以买科创板基金。

科创板，英文是 Sci-Tech Innovation Board（简称为 STAR Market），由国家主席习近平于 2018 年 11 月 5 日在首届中国国际进口博览会开幕式上宣布设立，主要针对一些科技型、创新型企业设计的，为这些企业"量身设计"的一个交易市场，独立于现有主板市场，交易的规则也是全新量身设计的。

随后，科创板就以神奇的"中国速度"在推进。证监会也在马不停蹄地推进，很快完成了相关的制度和准备工作，2019 年 6 月 13 日，科创板正式开板。科创板首批公司也于 7 月 22 日上市。

兵马未动，粮草先行。在科创板未开板之前，不少的科创板基金就得到了投资者的疯狂认购，为科创板准备好了充足的"弹药"。

2019 年 4 月 26 日，首只科创主题基金——易方达科技创新基金终于正式开售，基金设置了 10 亿元的募集上限，但当日募集开售 15 分钟后，就已经突破 10 亿元的募集上限，上午募集金额突破 60 亿元，16 时结束时，募集资金超过 100 亿元，并启动按比例配售。4 月 29 日，易方达基金公告，易方达科技创新混合型证券投资基金有效认购申请确认比例为 9.747474%。也就是说，如果你用 100 万买，实际买到的金额不到 10 万。

同样第一批获批的华夏、嘉实、南方、汇添富、工银瑞信、富国的科创板基金同样火爆，也刷新了配售比例的新低。

实际上，大家完全不用这样性急，科创板基金有很多，除了第一批，还有第二批、第三批……预计会达到 200 只以上。

或许有不少人是冲着科创板新开板的暴涨红利去的，就像一般的打新基金一样，科创板基金单只股票能拿到的份额是有限的，被稀释后，收益很高的可能不大。在科创板推出的一年内，把科创板基金当作一个风险相对较低的打新基金来看待是可以的，但随着时间的推移，股市的波动就会显现出来，而且波动幅度比主板更大，因此是否坚持投资还需要看自己的风险偏好情况。

其实一般的公募基金也是可以参与科创板投资的，既可以参与打新，也可以在二级市场上直接去投资。尤其是一些本身投资科技类企业的科技类基金，从实际投资来看，跟科创板基金并无太大差异。所以，想要投资科创板，也完全没必要非得抢科创板基金。

大家"疯抢"的背后，是"只看其名"的简单投资逻辑。由于科创板的投资门槛很高，一般投资者很难投资，这是一个以机构投资者为主的市场，相对比较理性，"炒作"的氛围不会那么浓厚，只有能够"慧眼识珠"的公司才能够在这个市场上长期存活下去。随着科创板的开板和发展，大家对于投资或许会有更深入的一些认识。

第十章

房子还能再买么

"安居才能乐业"，所谓的卖房买 ×
×，完全是不靠谱的，只要够自己住的就
不要操心买与卖的问题了。房子的未来是
看经济和人口，不是看房产税，一些人开
始卖房子了，但具体到我们每一个人该怎
么做是难有统一答案的。

第一节
搭乘经济快车的房地产

中国向来有安居乐业的传统，"住"向来是大家关心的头等大事。在长达数千年的文明长河中，中国人的"住"不仅是满足了"遮风避雨"的基本生存需求，更是和艺术、文化相结合，成为一笔举世罕见的"财富"。小富是在上了大学才有"买房"的概念，大学投资课上，老师当时给大家的建议是：钱多买房子，钱少买股票。回头看看，这在2006年确实是非常正确的建议。股市来来回回几个轮回，把大家都搞得灰头土脸的，但房价几乎是一路上涨，不管什么时候买都是赚钱的。来找小富理财的人，也大多有一两套房子。

现在大家熟知的房地产是随着改革开放兴起的。之后，伴随着工业化、城镇化，房地产业开启了缓慢而辉煌的发展历程。那时只有少数人有买房的意识，大多数人还身处农村，住着自建房。

在与户籍、学位等绑定后，房市开始奔上了高速发展之路，成为千家万户的刚需。随着大量农村人口不断地涌入城市，住房的需求在不断地扩大，城市的范围不断地扩大，高楼大厦在不断地建起，而房价也被不断推高。

中国的房地产发展历史是与工业化进程和城市化进程高度重合的。当中国打开改革开放的大门，大量的人口随着工厂的林立而不断地由农村涌入城市。在1980年，中国的城市化率仅仅只有19.39%，但到了2018年，这一比率迅速地攀升至59.59%，提升了40个百分点。在1980年中国的城镇总人口为1.91亿，2018年为8.31亿，城镇人口增加了6.4亿，是原有人口总数的4.3倍。

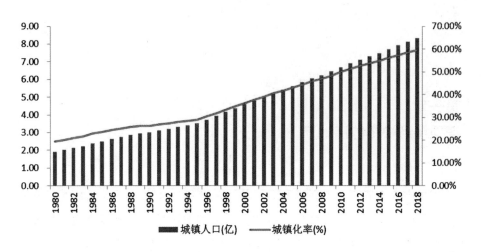

注：数据来源于万得资讯，丰丰整理。

在此过程中，一线城市北京、上海、深圳对人口的吸引力最大。比如，北京的常住人口由 1980 年的 904 万增长到 2017 年的 2171 万，增长率为 140%；上海由 1980 年的 1147 万增长到 2017 年的 2418 万，增长率为 111%；深圳由于是改革开放的"试验田"，由"小渔村"平地而起成为大城市，人口增长则更为显著，由 1980 年的 33 万增长到了 2017 年的 1253 万，增长率为 3663%，都远超过 1980 年到 2017 年中国总人口 41% 的增长率。

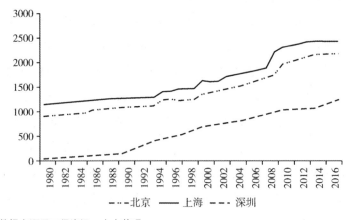

注：数据来源于万得资讯，丰丰整理。

与之形成鲜明对比的则是农村人口的不断减少。全国农村总人口在 1980 年为 7.96 亿，在 1980 年至 1995 年间呈缓慢增加趋势，而自 1996 年起，则呈现直线下降趋势，到 2018 年，农村总人口仅为 5.64 亿，较 1980 年下降了 2.32 亿，下降率为 29%，与全国人口的增长和城镇人口的增长形成了鲜明的对比。

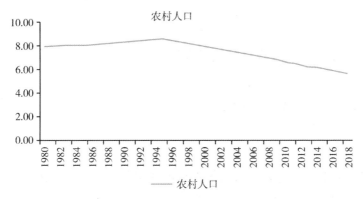

注：数据来源于万得资讯，丰丰整理。

由于复杂的社会和经济原因，中国在发展过程中形成了大群的农民工，出现了独特的"打工潮"现象。不少农民工在农闲时进城务工，而在农忙时则回乡务农。这样既可以避免"失业"和"无家可归"的风险，又可以通过进城务工增加家庭收入。但同时，由于北上广深一线城市普遍实行了严格的户籍准入制度及高房价壁垒，大多数的农村务工人员难以入籍，这就形成了特殊的人户分离现象。根据万得资讯的数据，这一人口数量已经接近 3 亿。

从下图我们可以明显看出：在 2010 年至 2014 年，人户分离人口数量呈现快速增长态势，而在 2015 年后则呈现逐步下降态势。这与中国的产业转型、产业转移等因素密切相关。当然，也有部分人群通过积累在城市购买房产后从而在城市落户。

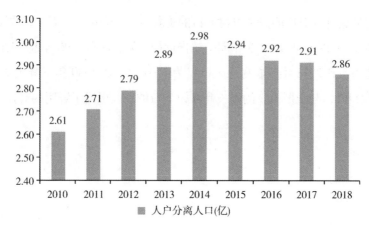

注：数据来源于万得资讯，丰丰整理。

从人口结构看，存在大量农村人口的河南和四川的抚养比（100 个劳动人口要抚养的人数）明显高于城镇化程度比较高的北京、上海和广东，而广东尤其明显，自 2004 年以来，抚养比一路下行，这缘于很大一部分原来在农村的年轻人到城市安家落户，成为城镇人口。

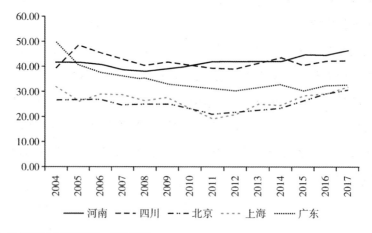

注：数据来源于万得资讯，丰丰整理。

"安居"才能"乐业",工业化的发展充实了大家的荷包,而在大城市中见了大世面的人们,当然更愿意留在大城市中享有更高的收入、更好的生活、更好的教育和医疗条件。为了满足人口的住房问题,全国各大城市在数十年的时间里不停地修建高楼。全民炒房之风盛行。

第二节
房产是过去 20 年的最佳投资品

若问起过去 20 年中国最大的投资机会是什么,几乎所有人会不约而同地回答是房地产,房地产之所以能成为过去 20 年的投资明星产品,背后有非常深厚的原因。在过去的 20 年,房地产给大家的感觉是不断地涨。以上海为例,1998 年平均房价在 3000 元左右,到 2018 年平均房价在 5 万元左右,上涨了 17 倍。每个地方的房价上涨幅度可能不一样,但同样都有大幅上涨,房地产也成了中国过去 20 年普通居民最佳的投资品。

城市化带来的大量刚需

第一,城市人口大幅增加。

改革开放以来,中国的城市化率不断提升,从 1999 年的 30.89% 到 2017 年的 58.52%,提升了 28 个百分点。从需求层次上看,住房需求是人们最基本的生存需求,除了日常消费外,住房问题是人们首先要解决的问题。

第二,工业化不断提升。

比城市人口增加更快的是工业化的发展。自改革开放以来,中国处于工业大发展的进程,工业增加值从 1998 年的 3.4 万亿元增长到 2017 年的 28 万亿,20 年间增长了 8.2 倍。20 年间共创造了 266 万亿的财富。

国有企业及规模较大的非国有企业的数量也由 1998 年的 16.5 万户增长到 2016 年的 37.9 万户，工业化的发展需要大量的劳动力，同时由于工业产值（第二产业）与农业（第一产业）产值之间的差距不断扩大，使得农村人口不断向城市转移。巨大产值差异的背后是收入水平的巨大差异，从这个角度来看，城市人口与农村人口的年收入差异可达 5 倍，这就使得数以亿计的农村人口背井离乡到城市寻找生计。

各产业历年产值

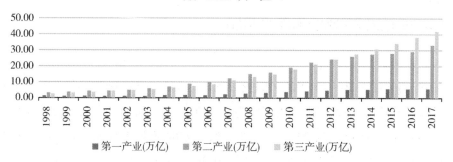

注：数据来源于万得资讯，丰丰整理。

货币量不断增加，成为房价助推器

这些年，涨价的不仅仅是房子，其实各种东西都在涨价，只不过涨的幅度大小不一。房价上涨之所以让人感受深切，是因为它占居民资产的大头。

从 M2 的增长来看，1998 年 M2 总量（货币供应量）为 10.45 万亿元，而 2017 年 M2 总量达到了 167.68 万亿元，20 年间 M2 增加了 15.7 倍，与房价的上涨幅度几乎相当。因此，说房价上涨是由于通货膨胀造成的不无道理。

根据中国家庭金融调查（CHFS）和美国消费者金融调查（SCF）数据，中国家庭的房产在总资产中占比高达 69%。在过去的 20 年中，说中国的家庭在倾其所有购房并不为过。

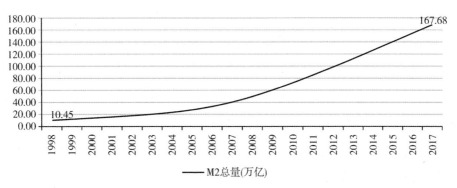

注：数据来源于万得资讯，丰丰整理。

制度保障，刚需成为价格稳定器

从 1988 年起，七届人大宪法修正案确定土地使用权可依照法律的规定进行转让，这视作中国房地产业的起步，也造就了第一批"炒房团"，也造成了第一次房地产泡沫。随着海南房地产泡沫破灭，房地产也被贴上了高风险的标签。而当时投资房地产对大多数家庭来说是件可有可无的事情，因为单位分房仍是当时城市居民住房的主要来源。

1998 年 7 月 3 日，中央发布《关于进一步深化城镇住房制度改革，加快住房建设的通知》，宣布全面终止福利分房。同时，住房分配货币化正式启动。全面开启了住宅商品化的时代。这不仅意味着中国住房体制的改革，更是中国人居住生活方式的分水岭。从此，买房从"炒"变成了刚需，这成了房地产市场稳定的需求保证和价格的稳定器。

近 20 年，每次房地产火爆时，政府往往会采取一定的政策调控市场，比如提高贷款比例等措施，这些政策一定程度上抑制了购房需求，但在缺乏其他住房"来源"的情况下，只能取得短期效果。再加上，分税制改革后，房地产成为地方税收的主要来源。因此，过去 20 年，我们不仅看到了抑制政策，也看到了不断的"救市"措施。从政府的角度来看，政府希望看到的是"房地产慢牛"，最不希望看到的是"房地产熊市"。

住房贷款，房地产的杠杆

中国人民银行于 1995 年 8 月颁布了《商业银行自营住房贷款管理暂行办法》，从而标志着我国银行商业性住房贷款走上正轨。但当时的条件是比较严格的，一是要求有提供双重保证即抵押（质押）担保与保证担保，二是最高期限为 10 年，三是要求借款人先有存款，存款金额不少于房价款的 30%，存款期限必须在半年以上。

1999 年，中国人民银行下发《关于鼓励消费贷款的若干意见》，将住房贷款与房价款比例从 70% 提高到 80%，鼓励商业银行提供全方位优质金融服务。同年 9 月，人行调整个人住房贷款的期限和利率，将个人住房贷款最长期限从 20 年延长到 30 年，将按法定利率减挡执行的个人住房贷款利率进一步下调 10%。

从此，高成数的贷款比例、长期限的贷款、较低的贷款利率以及较低的贷款门槛成为个人住房贷款的标配。商业银行的住房贷款金额由 2010 年的 4 万亿元上涨到 2016 年的 12 万亿元。贷款的实施相当于对房地产加了杠杆，将居民未来 20 年至 30 年的收入提前支配。

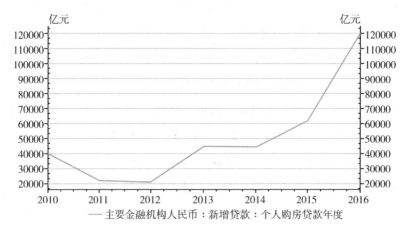

注：数据来源于万得资讯，丰丰整理。

第三节
房产税说来就来，房价会崩盘吗

就在我们翘首期盼股市能转好时，房产税的脚步却越来越近了，毫无疑问，房产税的推出只是时间问题，房产税推出后对房价的影响也是大家非常关心的问题。

虽然这两年大家对房产税比较关心，但其实房产税在中国早就有了，企业持有的房产1986年就开始征收房产税。个人住宅的房产税2011年开始在上海和重庆进行试点，只不过是税率偏低、给予豁免面积较高，且是在原始购买价格上征税，大家的感觉还不太明显。此后，关于房产税推出的消息不断，据十三届全国人大常委会立法规划，房地产税法列入第一类项目，拟准备在人大常委会提请审议。从过往规律来看，房地产税列入五年立法规划并不意味着一定会在五年内完成落地。但从各方面的反映来看，房产税的推出可能会加速。

由于房产税关系重大，试点上海和重庆的过程中就遇到了重重困难。其中，免税问题和税率是大家非常关心的问题。按照西南财经大学家庭金融研究中心统计的数据，中国的住房平均拥有率比较高，但是供需不平衡的问题非常严重。比如，农民工在农村是拥有住房的，在城市中并没有住房，但他可能是长期在城市中生活。中国2017年底城镇人口8.13亿，而城镇居民人均居住面积约36平方米。若以40平方米豁免面积为基数，意味着全国范围来看，对应房产市值大概在90万亿元，以年均1%的税率计算，年缴房产税总额约9000亿元，相当于2017年全国卖地收入的17%。

从理论上来讲，房产税会每年征收，但实际上，每家每户每年都交房交税，税务部门也吃不消。因此，房产税实际征收有可能在房产发生交易或继承的时候才会进行实际交税。换句话说，房产税要按每年来算，但不需要每年都交。从这个角度来看，如果住房一直不进行交易则可能永远不用去交税。

房产税对房产价格的影响是大家一直比较关心的问题。理论上来说，房产税增加了住房持有的人持有成本，会对房产价格具有压制作用，但从其他国家的实际情况来看，可能影响没有预期的那么大。以美国为例，房地产税在其建国之初就已经确立，但在200多年中，房价始终处在长期上涨的通道中，但从另外一个角度来看，美国人大量持有房产的并不多见，与中国目前截然不同。因此，房产税对房地产的价格影响存在不确定性，但可能会改善目前房产持有不均衡的问题。我们的邻国日本，在20世纪50年代改革税制，但日本的房价在20世纪60~80年代一样的一飞冲天，受房产税的影响并不

明显。韩国的例子在中国重现的可能更大，韩国于 1990 年推出物业税，2005
年再推出综合房地产税，房价出现短暂下滑，但之后又继续加速上涨。中国
香港地区，更不必说，除了房地产持有税，为了打击投机，交易的印花税一
路提到非常高的程度，但房价还是在快速上涨。

之所以房产税对房价的影响有限，原因在于供需关系，而非简单的税收
可调节的。从对供需关系的影响程度来看，税收更多的是一种柔性的手段，
而限购则是刚性手段，其效果与限购相比力量要小得多。

再回头看中国的房价问题，中国前 20 年的房价问题根源于城市化进程和
资源的不均衡。也就是说，房子并不简单是住与投资的问题，在某种程度上
是社会资源分布的问题。北上广深之所以房价一涨再涨，毫无疑问在于中国
最优质的资源在向这些城市集中，如果此问题得不到解决，房产税推出后，
对于房产持有者来说，最佳的选择是持有价值更高的房产，而出售价值较低
的房产，房产价格的两极分化会进一步加剧。

再说说影响房价的第二个因素，那就是通货膨胀。房产本身不会新创造
价值，因此房产价格的上涨某种程度上是通货膨胀的反映，只要通货膨胀一
直持续，房价长期向上也是一种正常的现象。

各地房价经过一轮又一轮的上涨，很多时候成为中国阶层分化的原因。
在三四线城市的普通人突然到一线城市生活会非常吃力，而一线城市的很多
人由于占据了优质的资源，一般也不愿意到三四线城市生活。这是在户籍制
度的基础上新增加的一道篱笆。

加之中国经济发展进入新阶段，个人存量财富的作用会越来越重要。对
于较富裕阶层来说"守财"比"发财"更为重要。

虽然房产税对房价的影响可能是有限的，但房产作为财富蓄水池的作用
将大幅减弱，个人财富的管理将进入新的阶段。如何采用合理的方式来规避
税收，"保卫"好自己的财产，将是未来更重要的课题。

第四节
金融危机要是来了，是留房子还是留钱

金融危机对我们大多数人来说既熟悉又陌生。熟悉是因为我们经常听、经常说，国外也不乏金融危机的种种案例。但严格来说，中国从改革开放以来没有经历过真正的金融危机。所以，我们实际上"百闻"而没有"一见"。作为金融从业人员，小富更多的也是从教科书上一睹过往欧美国家金融危机的恐怖，2008年的美国次贷危机也一度让大家有种"看不到希望"的感觉。

金融一向是一把双刃剑，越发达或许越脆弱，就像"一只南美洲亚马孙河流域热带雨林中的蝴蝶，偶尔扇动几下翅膀，可以在两周以后引起美国得克萨斯州的一场龙卷风"。

金融危机如同魅影一样，让大家心里一直不踏实。不踏实的最重要的原因在于，大家的资产越来越多，而金融危机的风险似乎越来越大了。当大家手里有大量的现金、房产、股票等资产的时候，因为金融危机一无所有是件非常痛苦的事。

金融危机来临时，往往国家货币大幅贬值、出现债务危机、商业银行大量倒闭。而我们遇到的股市大跌、房地产大跌、P2P跑路……这些可能对很多个家庭造成致命伤害的事件，相较金融危机而言统统都不够级别。如果说金融危机是一场海啸的话，这些事件只能算六级大风了。

小富印象最深刻的金融危机是1989年的日本泡沫经济破灭、1998年亚洲金融危机、2008年美国次贷危机。2008年美国次贷危机爆发，美国凭借世界老大的地位输出风险自救重新走出来，1998年亚洲金融危机，香港凭借着内地强有力的支持挺了过去，除此之外，凡是经历过金融危机的，如日本、

南美洲、东南亚等，都是一蹶不振，金融危机让人不寒而栗。

随着中国经济体量的快速增大，与境外经济的联系愈加紧密，一旦发生金融危机，即便中国自身没有出现问题，但也会受境外的影响，中国无法独善其身。对于许多把80％以上的资产放在房产上的中国人来说，心里不踏实是必然的。

曾经，在美国次贷危机发生后，有的别墅甚至跌到1美元一套，但是仍然少有人买。原因在于，美国的物业税很高，如果买而不住又租不出、卖不掉，就会出现很大亏损。更重要的，没有人知道危机会维持多长时间，就像现在大家都觉得股价很低，但实际去买的人还是不多，道理是一样的。

中国物业税还没有真正出台，持有住房的维护成本并不高，这也是很多有钱人大量囤积住房的原因。

金融危机可能造成金融机构大量倒闭，也可能造成货币大幅贬值。目前各国都比较注重金融系统安全，如果未来再度发生金融危机，出现货币大幅贬值的可能性会更大一些。如果真的是这样，房子显然会比货币更保值。当然，通货膨胀可能是"最终方案"，过程可能是曲折的，也可能会持续很多年，就像美国次贷危机的量化宽松政策也是在危机的杀伤力大到一定程度才推出的。在危机的开始阶段，很可能是资产价格的泡沫破灭，在中国最有可能的就是房价大幅下跌。2008年香港的房价被"腰斩"后，不是很多年才恢复过来吗？危机来临前夕或者危机的早期，都要卖出资产。只有比别人先卖出了，才能卖到好价钱。等到危机最深重的时候，房价已大幅下跌，可以重新买房，当然也可以买更多别的资产。

如果到危机最深重的时候，换句话说，房子的价格已经是处于底部区域，就可以考虑持有房子了。毕竟价格已经最低，留着钱的话，将来买房子更贵。

从历次危机的情形来看，危机都会导致房价下跌，但下跌的时间不同、幅度不同。1929年的美国房价下跌一直持续到1932年还在继续。现实中，危机处于哪个阶段是很难判断的。危机初期往往无人察觉，等到很多人察觉的时候，已经危机深重，但并不知道是否到底。

不过对于大多数只有一套房的人们，是完全不用纠结这个问题的。所谓的卖房买××，完全是不靠谱的，中国自古就有"安居"才能"乐业"的说法，居无定所会给自己的家庭带来巨大的不确定性，同时每年要支出一大笔的房租成本。

当然，除了房产，还有美元、黄金等资产可以作为抵抗危机的选择，只不过这些资产一般没收益或很少有收益。对很多人来说是"最后的选择"。

对于每一个人来说，要采取的策略可能也不一样。房产的数量和占总资产的比重、收入、负债状况、家庭支出情况等，都会影响到我们的资产选择。在实际中，是持有房产还是持有货币，可能没有标准答案。

不管怎样，中国经济这艘大船正从港口开向深海，面临的风浪越来越大了，对于我们个人来说，降低自己的负债，系好资产的安全带是非常有必要的。从2018年10月份开始，小富就一直推荐大家买黄金，背后的逻辑不在于黄金能赚多少钱，而在于黄金资产经过数年的下跌，安全边际已大幅提高，做人要"能屈能伸"，资产配置亦是如此。

第十一章

熟悉又陌生的黄金市场

"黄金抗通胀""黄金避险"等这些
说法都是有前提条件的，弄懂了再考虑黄
金投资的问题，而选择何种方式去投资差
异也是非常大的。

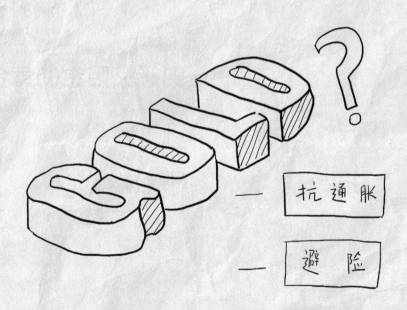

第一节
黄金真的会抗通胀吗

中国素有"盛世藏字画，乱世藏黄金"的说法。在人类文明的长河中，黄金并不一直是货币，但没有哪一种货币能够像黄金一样穿越古今，横贯东西。到了今天，金融高度发达，不用带现金就可以出门购物，动辄上百亿的国际大买卖也只是动动键盘就可以完成。但是，一旦资本市场有什么风吹草动或者世界上哪个地方有些不安宁，大家首先想到的避险工具还是黄金。

一直以来，黄金被投资者看作抗通胀的最佳选择，货币贬值时黄金价格就会大涨。当国际或者国内经济出现风险的时候，大家认为买黄金能保值资产。

但现实远比理论复杂。比如说，2018 年全球各种风险事件频发，土耳其的里拉大跌带动新兴国家货币大跌，多个国家国内通胀严重，全球贸易环境仍然具备强烈不确定性，金融市场恐慌情绪蔓延。在这样的情况下，按理说黄金价格应该持续飙涨才对，但实际却是大跌。中国"央妈"不是经常在放水么，黄金不是抗通胀么，怎么这么多年都不涨呢？

其实，最关键的因素在于，黄金是以美元计价的，所以美元的强势升值，就直接导致黄金价格大跌。

从这个角度上来看，黄金并不是抗通胀的，不管是人民币也好、卢布也罢，跟黄金的涨跌其实关系不大。只是跟美元是一个负相关的关系，也就是说，美元指数强，美元升值，则黄金弱，国际金价下跌；美元指数弱，美元贬值，则国际金价大涨。而影响美元的因素很多，美国自身的经济状况、美联储的政策等，都会影响到美元的走势，从而影响黄金的走势。从近 10 年美元和黄金的走势我们可以看出，每当美元强势的时候，黄金就跌，而美元比较疲软的时候，黄金则气势如虹。

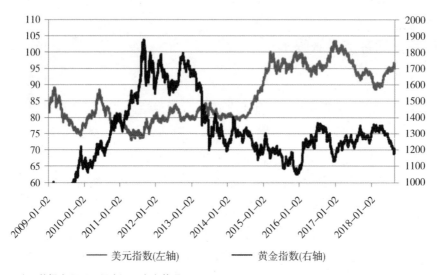

—— 美元指数(左轴)   —— 黄金指数(右轴)

注：数据来源于万得资讯，丰丰整理。

通常大家说的，黄金抗通胀，就是指一国 CPI 上升时，黄金价格将不断上涨，从而抵御通货膨胀造成的货币贬值。那么，在现实中，如果说我们的人民币一直存在通货膨胀（虽然有时很少），那么黄金的价格应该是一直上涨才对。但从近 10 年的情况来看，2018 年底的黄金价格与 2009 年初的基本相当，不要说抗通胀，恐怕连银行的活期利率都没有跑赢。难道"黄金抗通胀"是假的？

这就是我们上面所说到的，黄金只对美元负责，而不对其他货币负责。

在任何时候，经济常识或者理财技巧发挥作用都是有前提的，尤其是在复杂多变的金融市场。任何一个前提条件发生变化，将会导致后续一系列传导机制不正常，从而结论也就不合理、不完美，不起作用了。对于一些"看似正确"的观点进行深入分析后，才能够更贴近我们的实际。

黄金指数

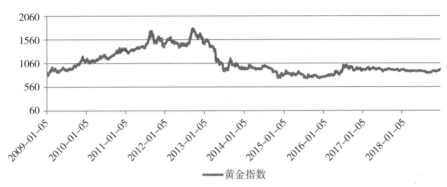

注：数据来源于万得资讯，丰丰整理。

第二节
战争会影响黄金的价格吗

"黄金具有避险功能"几乎成了许多人眼中的"真理"，这句话对也不对，原因就在这个"真理"的正确是存在一定前提条件的。不少评论家一听到某个地区不安宁，要打仗了，就提醒大家黄金可能要涨了，小富却不以为然。黄金的避险功能实际上主要体现在两个方面：一是如果你身在战争的环境中，黄金一定是有避险功能的，因为原有的货币体系可能遭到了破坏，黄金再次充当了"最后的货币"的角色。二是战争足够大，足够影响到世界范围内的正常的金融和经济秩序。

在第二次世界大战后，整个世界经济一片混乱，如何尽快建立美好家园成为最重要的议题，新的国际经济金融秩序亟待建立。美国就提议说：建议以美元为中心的国际结算体系，美元与黄金挂钩，其他国家的货币向美元看齐，一盎司的黄金固定等于 35 美元。美元和黄金就像是茫茫大海中的一个巨锚，让世界的经济有个"基准"。这就是著名的布雷顿森林体系。布雷顿森林体系建立后，西方国家的经济迅速恢复和发展。当然，美国成为最大的赢家，美元成了"官定"的世界货币，"美金"的说法也是由此而来。后来，由于深陷越南战争，美国通过大肆发行货币来填补财政亏空，欧洲各国一看不对劲，要把自己手里的美元兑换成黄金，美国一下子吃不消了，当时的美国总统尼克松就在 1971 年宣布美元跟黄金脱钩了。此后黄金价格就如同脱缰的野马，一路飞涨。直到今天，一盎司黄金的价格已达到 1400 美元左右。

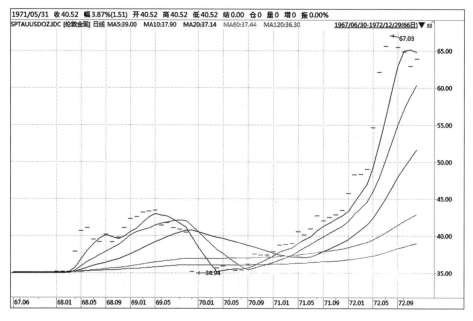

注：数据来源于万得资讯。

　　在布雷顿森林体系瓦解后，世界发生了一些局部战争，这些战争经常会被大家用于研究战争对黄金价格的影响。得出的结论是：局部战争对全球黄金价格的影响是有限的。

　　1979 年，苏联入侵阿富汗。阿富汗的位置相当敏感，一定程度上是美苏

争霸的前哨阵地。能否引发美苏的进一步对抗是当时大家担心的问题，这次
战争推动了金价不断上涨，金价一路从 1979 年初的 217 美元左右飙升到 1980
年 1 月 21 日的当时历史高点 850 美元/盎司，约是原来价格的 4 倍。由于这
次战争是分量很重，甚至可能会影响到美元的国际地位，因此对黄金价格的
影响也是非常大的，黄金在战争中"避险"功能得到了充分的体现。

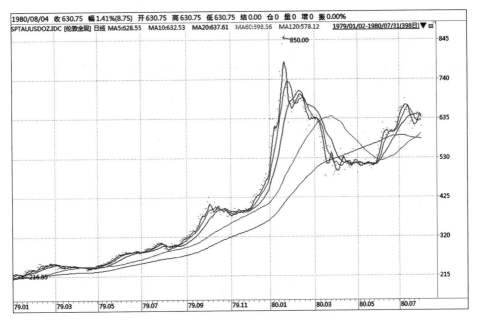

注：数据来源于万得资讯，丰丰整理。

海湾战争对黄金价格的影响也是显而易见的。1990 年 8 月 2 日，伊拉克
突然袭击了科威特，国际黄金价格由 373 美元/盎司跳升至 387 美元/盎司，
随后，美国总统批准了"沙漠盾牌"军事计划，整个市场对开战的预期很
高，8 月 7 日以后，国际黄金价格开始上涨至 8 月 23 日的 417 美元/盎司。由
于伊拉克袭击科威特太突然，美国还尚未在中东地区做好大规模战斗的准备，
黄金价格出现大幅回落。1990 年 11 月 29 日，联合国安理会通过 678 号决议，

规定 1991 年 1 月 15 日为伊拉克撤军的最后期限，越靠近美国对伊拉克宣战时间，市场对战争的预期越强，金价逐渐走高，最终上涨至 1991 年 1 月 16 日的 405 美元/盎司。

但 1 月 17 日美伊开战后，由于双方实力悬殊，市场就由之前预期战争开始转向预期战争结束，在开战后第二天，投资者抛售黄金，导致黄金价格大跌。所以黄金从 1 月 16 日 403 美元/盎司收盘跌到 1 月 17 日开盘价 373 美元/盎司，足足跳空低开了 30 美金，并且一直下跌至 6 月初。

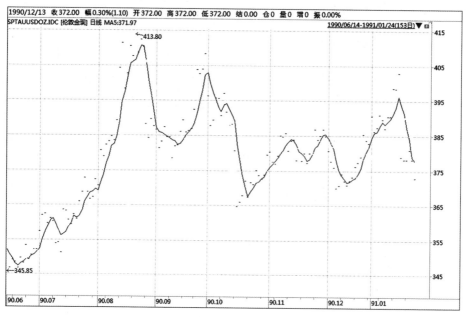

注：数据来源于万得资讯，丰丰整理。

从过往的数据来看，战争的突发性越强，对黄金的影响也就越大。比如 2001 年 9 月 11 日美国发生突发性恐怖袭击，金价当天一度上涨超过 7%。战争的不确定性越大，对黄金市场的影响就越大。敌对双方的实力越强、越接近，对市场的影响就越大，比如，如果美国和俄罗斯打仗，相较于美国跟叙利亚打仗，市场情绪就完全不同。如果当战争发生时，双方实力悬殊，且不会引发更多的国家参与，这种战争对金价的影响非常有限。

　　方正证券更是认为黄金在战争中的避险是个伪命题（参考文章《黄金价格分析框架及金价展望》）：1970年以来世界各地大大小小战争无数，几乎年年有仗打。如果每场战争都对黄金避险需求的话，那很可能黄金价格涨幅早就超过2000年之后中关村房价的涨幅了。1970年以来世界发生大大小小战争108次。其中死亡人数在1万人以上的有66次。死亡人数在10万人以上的有11次。有欧美或者中东国家参与的战争20次。如果将1970年后死亡人数在10万以上的战争和黄金价格放到一起用来衡量避险情绪，那避险需求足以持续到80年代后期。但实际上，黄金自80年代初开始进入20年的熊市，8次战争爆发时间中有3次出现黄金持续下跌。死亡人数最多、规模最大、对世界影响很大（引发第二次石油危机）的两伊战争发生在黄金价格顶峰时期。

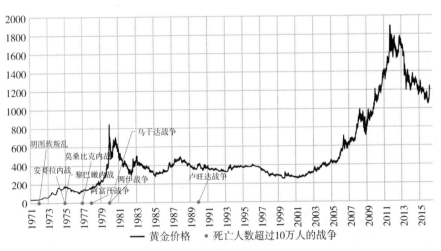

注：数据来源于方正证券文章《黄金价格分析框架及金价展望》。

实际上，由于这些战争都是局部战争，无法影响整个国际经济金融秩序，因此只能对短期黄金价格产生冲击，而不会影响黄金价格的长期走势。要判断黄金价格中长期走势，还是需要从其基本面进行分析。

但无论如何，战争总是会对全球信用体系造成破坏，而且发动战争的国家需要更多的负债来承担战争经费，战败的国家需要更多的资金来重建，主权信用货币会因为战争出现持续贬值的情况。因此，黄金的避险作用更多地体现在战争的当事国身上，而不是体现在美元身上。

至于战争对于黄金价格的影响，我们不妨总结为：

第一，会影响世界经济金融秩序的大规模战争，黄金会充当全球最后的货币，具有充分避险功能。虽然在第二次世界大战后没有再发生过，但这一点在逻辑上是成立的。

第二，局部的战争可能会对世界黄金价格产生短期的冲击，但不会影响到黄金的中长期走势。

第三，黄金的避险功能更多地体现在战争当事国（尤其是战败国）身上，黄金在此时会充当一种不会被贬值或遗弃的硬通货。

第三节
扫货黄金的"中国大妈"现在还好吗

要问买黄金谁最强，还要看"中国大妈"。还记得前几年，"中国大妈"疯狂抢购黄金的情景吗？据说，这事还震惊了大西洋彼岸华尔街的金融界精英们。2013年，华尔街投行在强势的美元下，开始做空黄金，金价从1565美元/盎司一路下跌至1321美元/盎司。看着黄金大幅下跌，"中国大妈"开始了抢购浪潮。她们不懂现货、期货、TD，只懂得看得见、摸得着的金条、金链子。这些黄金制成品的价格是参照黄金交易所价格的，再加上一些加工费。按照 2013 年中国大盘抢购的时间，上海黄金交易所黄金价格在 240 元/克至 280 元/克之间，"中国大妈"购买金条的价格就在 260 元/克至 300 元/克，而黄金首饰的价格则要再高一些，一般会在 300 元/克至 320 元/克。不仅仅是"中国大妈"，当时有很多"有钱人"找小富以 10 公斤为单位来买金条，也着实让小富又惊又喜。

当时不少的媒体都采用了"中国大妈对抗华尔街"的醒目标题来做报道，实际上有点言过其实了，且不说大妈们的这点交易量放在华尔街的市场连个泡都冒不起来，即便是"对抗"，那也是隔空对抗。"中国大妈"与华尔街之间并不是直接的对手盘。"中国大妈"买的大多是中国的黄金企业生产的黄金，一般的黄金企业不可能这么短的时间就到国外的市场上买黄金。与其说华尔街惊叹"中国大妈"的购买实力，不如说他们感叹"黄金跌得这么厉害，为什么要在这个时间买呢"？

黄金的定价权现在还不在中国市场，有人估测"中国大妈"在 10 天的时间里花了 1000 亿人民币，抢购了 300 吨黄金。但这并不能改变黄金价格的走势，黄金价格又一路下行，一直到 2015 年 8 月 12 日跌至 218.96 元/克，较 2013 年底的价格又跌去了不少。

一直到了 2016 年，黄金价格才有了转机。但是由于黄金价格回购一般是要按照交易所价格，是要在成品的基础上扣除加工费的，所以即便是按照当时的最高价回购，"中国大妈"基本上刚刚保本。随后，黄金价格又一路下行，一直到 2018 年的 8 月，黄金价格才开始有所回转，开启了"涨涨涨"狂奔之路，截至 2019 年的 6 月底，黄金价格超越了前期的高点，涨到了 310 元/克，在 2013 年扫货的"中国大妈"基本上算是全部胜利解套。这不是比 2015 年在中国股市上"站岗"的人好多了？或许，"中国大妈"们并没有在意这些，她们买黄金或是自己戴，或传给儿女，或做收藏。

"中国大妈" 抢购黄金

或许你会说，怎么不买纸黄金或者黄金 TD 呢，这样的话，6 年就能赚 30%，其实也不算太差。但实际上，大多数买纸黄金或黄金 TD 的人可能早就止损出局了。人性就是这样，有实物就不觉得价格涨跌有太大影响，如果只是账面数字，没有实物，就会特别关心价格的涨与跌。这事就像是房子与股票一样，房价跌了 10%，大多数人并没有太大的感觉，因为没有实实在在地看到自己的钱少了。但是股票要是跌了，账户上就会明确地标识出跌了 10%、亏损 2 万元，顿时心情就不好了。

那么，如果我们想投资黄金，可以通过哪些方式呢？

首先是实物黄金。实物黄金可以是金条，也可以是金链子。一般来说，是分为普通的投资金条、黄金首饰、黄金收藏品。相对于黄金市场的价格，普通的投资金条因为工艺比较简单，加工费相对要少一些，是实物黄金投资的最佳选择。而黄金首饰则更具消费功能，作为投资成本高了些。而黄金收藏品则要视情况而定，收藏的事得是爱家才行。价格到底值多少很难去评估的，外行最好还是不要冒险，要投资的话老老实实地去买"光板金条"好了。金条也都有相应的克数规格，比如 10 克、20 克、100 克、200 克、1000克的，大家一般更喜欢小规格的，送人的时候也比较方便。

第二种就是纸黄金。为什么叫纸黄金呢？说得形象点，就好像是古代的银票，所对应的也不是实物金条，一般是跟国际金价挂钩的，24 小时交易（节假日除外），购买起点也比较低，一般 1 克就可以起买。有些还支持买涨买跌，你觉得黄金要上涨，你可以买入，等到高位卖出即可；如果你觉得黄金要下跌，你也可以卖空，一旦黄金真下跌也可以赚钱。纸黄金一般是没有杠杆的，也就是你有多少钱就可以去买多少货，所以一般买涨的话也不会存在爆仓的问题，可以像买实物的"中国大妈"一样一直持有。你的交易对手盘是银行，银行再到国际黄金交易所对冲平盘。

因为没有加工费，也不用提实物，银行也只是加一点点的价差（1‰左右），基本可以忽略。而且在银行账户上操作比较方便，大银行信誉还是比较好的。所以，如果是纯投资的话，纸黄金应该是普通老百姓最佳的选择了。

第三种就是黄金 T＋D。有点像黄金期货，这基本上是专业人士做了。相当于是在上海黄金交易所"炒黄金"，可以杠杆操作，有白天盘和晚上盘。小富也曾见过有客户用 100 万元的资金，每个月做到 1 亿的交易量的。一年下来 100 万元变成了 200 万元。但也有客户 100 万元的资金一年下来只剩下了 50 万元。这些都算是好的了，爆仓的也大有人在。所以，这不是一般人参与黄金投资的合适方式。对于我们大多数人来说，可以去做相应的了解，但不要轻易去尝试。

第十二章

这些投资千万别去碰

凡是跟"钱"打交道的地方往往也是"骗子"最多的地方。看不懂的投资不要去碰！不正规的投资不要去碰！不适合个人去投资的不要去碰！

投资是跟钱打交道的，古人云：有一倍的利润，就有人铤而走险。有十倍的利润，有人敢冒杀头的风险，敢践踏一切法律！小富和他的小伙伴们经常摆摊设点宣传反金融诈骗的常识，但仍无法避免有人被骗，而一些看似合法的交易，背后却暗藏杀机，甚至比电信诈骗的危害更为严重。

第一节
大名鼎鼎的庞氏骗局

庞氏骗局不只是一个骗局，而是一类骗局。这种骗术是一个名叫查尔斯·庞兹的投机商人"发明"的，所以后来大家都称此类骗局为"庞氏骗局"。在金融投资中，由于投资者一般很难了解到资金的最终真实走向，在一些没有监管的不规范的投资领域，常常容易遭遇庞氏骗局。庞氏骗局在中国又称"拆东墙补西墙""空手套白狼"。实际上就是利用新的投资人的钱来向原来投资者支付利息和短期回报，通过制造赚钱的假象进而骗取更多的投资。由于并没有真实的投资利润来源，庞氏骗局最终都是要破灭的。也曾有人认为股票和国债有庞氏骗局的嫌疑，实际上是一个极大的误会，因为股票和国债都有"利润来源",与庞氏骗局有着本质的区别。

查尔斯·庞兹是一个意大利人,1903年移民美国。他在美国干过很多种工作,包括油漆工。他一心想发大财,但上天终究没有给予他良机,为了快速挣钱还干了些违法的事,并因此坐了牢,但这丝毫不影响他对"发财梦"的追逐。1919年的某一天,他突发奇想,如果用后面投资人的钱去支持前面投资人的收益,只要不断地有人投资,这事就可以永远存续下去,而他自己则也可以享受大量的资金带来的种种便利。1919年第一次世界大战刚刚结束,世界经济体系一片混乱,庞兹便利用了这种混乱。他宣称,购买欧洲的某种邮政票据,再卖给美国,便可以赚钱。国家之间由于政策、汇率等因素,很多经济行为普通人一般确实不容易搞清楚。他一方面故弄玄虚,另一方面则设置了巨大的诱饵,让人感觉不投资这种邮政票据就错过了"发财梦",并许诺投资者将在三个月内得到40%的利润回报。三个月过去了,前期的投资者如约拿到了许诺的40%的回报。眼看着周边的人"赚"了大钱,不少波士顿市民争先恐后投资,在近一年的时间里,约4万人变成庞兹赚钱计划的投资者,而且大部分是怀抱"发财梦"的穷人,平均每人投入几百美元。而有了钱后庞兹过上了超级奢侈的生活:住上了有20个房间的别墅,买了100多套昂贵的西装并配上专门的皮鞋,拥有数十根镶金的拐杖,还给他的妻子购买了无数昂贵的首饰,连他的烟斗都镶嵌着钻石。今天的很多骗局,是不是如出一辙呢?

谎言总会被戳穿的,骗局总会有露馅的时候。1920年8月,由于新的投资者越来越少,以至于无法再支付前面投资者的利息了,大家才恍然大悟,但为时已晚,庞兹破产了。他所收到的钱,按照他的许诺,可以购买几亿张欧洲邮政票据,事实上他只买过两张。庞兹被判处5年刑期。出狱后,他又干了几件类似的勾当,因而蹲了更长时间的监狱。1934年他被遣送回意大利,又想办法骗墨索里尼,但没能得逞。1949年,庞兹在巴西的一个慈善堂去世。具有讽刺意味的是,这个一生都梦想着要发财而去各种"骗"的人,在死时却身无分文。但他的名字却一直流传了下来,"庞氏骗局"成为一个专有名词，意思是指投资本身并没有利润来源，而是用后来投资者的钱，给前面投资者以回报。

　　自庞兹以后，不到 100 年的时间里，各种各样的庞氏骗局在世界各地层出不穷。在中国盛行的各种传销以及各种爆雷的 P2P 平台，实际上都是属于庞氏骗局。

　　庞氏骗局虽然五花八门，但本质上都和庞兹当年的办法一脉相承，它们共有的特点是：低风险、高回报，反投资规律。我们都知道，风险与回报成正比乃投资铁律，"庞氏骗局"往往反其道而行之。骗子们往往以较高的回报率吸引不明真相的投资者。但天上是不会掉馅饼的，要掉也只会掉陷阱。由于没有利润来源，这类的投资只能是依靠不断有新客户加入来实现。对于需要去"拉人头"的一些投资，往往是这一类的骗局。为了支付先加入的投资者的高额回报，庞氏骗局必须不断地发展下线，通过利诱、劝说、亲情、人脉等方式吸引越来越多的投资者参与，从而形成金字塔式的投资者结构。受害者往往会造成人财两空，而且亲戚和朋友都会跟着遭殃。

防范庞氏骗局也不难，一方面对投资的风险收益得有清醒的认识，克制自己，不贪财；另一方面，金融投资还是要通过正规的金融机构进行。金融业在世界范围内都是采用的"持牌经营"，只有与公司的经营范围吻合的投资才是值得去尝试的。

第二节
令人倾家荡产的 P2P

这几年 P2P 公司跑路的新闻不断，这不是一两家的事，而是一批一批跑路。根据统计，从 2017 年 12 月到 2018 年 4 月，跑路的 P2P 公司多达 200 多家。时至今日，P2P 用一个一个血淋淋的事实向人们诠释着投资的风险。

2018 年 7 月，被称为最不可能跑路的网贷平台投之家出事了，世上的事向来是"墙倒众人推"，以前称兄道弟的网贷之家紧急声明撇清关系，上市公司珈伟股份旗下的灏轩投资也紧急澄清并表示"以诈骗的名义报警"。

7 月 13 日早上，就有了投之家的爆雷消息："投之家倒了，今天已经关门，员工收拾跑路，他们的风控今天都没来上班，昨晚就跑路了，高管都没来。"这给无数的投资者闷头一棒。"不会跑路，网贷之家是他爹"，"如果跑路，网贷之家不是被打脸，估计会玩完"……这些都无法阻止投之家跑路的事实。

当时信誓旦旦地向投资者推荐投之家的员工表示自己也是受害者："我们员工今早过来上班就觉得不对劲，高管失联，应该是雷了，我们员工自己也都是受害者，我们下午就准备去派出所报警了。"

P2P 公司的跑路绝非偶然，似乎是已经注定。P2P 不算是成熟的金融产业，很容易走着走着就走偏了，起初可能还算是正常的投资行为，慢慢地转成了庞氏骗局。

金融业与一般行业的最大区别在于资金存在时间错配，也就意味着是风险最高的行业；同时，由于金融行业的风险对整个经济体都有影响，因此，在世界范围内，金融行业都是持牌照经营，同时是严受监管的。像传统的银行、保险、证券都是要持相应牌照，并分别受银保监和证监会的监管。哪些可以做，哪些不可以做，是有规定的。

而 P2P 并不在目前最新的金融"七大牌照"之列，在毫无外部约束的情况下，"自我约束"在巨大的利益面前是非常苍白的。就如同在没有监控、没有监督下随便让一个人去守一个现金库，结果可想而知了，携款潜逃将是大概率事件。

投资都是有风险的，或多或少。一般来说，国债是没有信用风险的，因为国家可以通过收税和印钞的方式还债。其他投资不仅有信用风险，还有流动性风险、管理风险、市场风险等。

P2P 所投资的标的一般是在传统金融机构无法获取资金的主体，因此，信用风险要远高于一般银行贷款的风险水平；P2P 公司资信不够，很容易出现流动性风险，这很多时候是公司难以掌控的，很容易出现资金链断裂；P2P 没有监管，出现管理风险也再正常不过了。P2P 可以说是各种风险的集中体，出现任何一种风险都会带来致命的结果。

理论与实践永远是有距离的。P2P 是乘着互联网金融的"春风"而来，很多所谓的大 V 更是用 P2P 的"高收益"将传统金融体系贬得一文不值。

P2P 看似将借款人与贷款人直接进行对接，去除了金融机构这一中间环节，"让利于民"，但却忽略了防控投资风险这一基本要义，便如同一座设计精美的大厦，用料却粗制滥造，注定事与愿违。

对投资者来说，"鸡蛋不能放在一个篮子里"，要进行分散投资。分散投资的要义在于不同类别资产之间分散投资，从风险的角度来看，P2P 的投资风险不仅高于一般的债券类投资，甚至远高于股票类和商品类的投资，不少投资者利用全部家当甚至借款去投资 P2P，必然为悲剧的产生埋下隐患。

第三节
不适合个人投资的期货交易

我们可能听说过股票投资的"二八现象"，就是说赚钱的人只占到 20%，而 80% 的人都是亏损的。不知道大家有没有听说过，在期货市场中有 90% 的人都是亏损的，实际上应该是有 99% 的都是亏损的，或者说，个人去投期货，基本上都给别人"送钱"的。

期货市场是合规合法的，这点毋庸置疑，也允许个人投资者投资，但这个市场实际上是不适合个人投资，所以不要抱着侥幸的心理。期货交易，从理论上来说，是一个零和游戏，有人赚钱就必然会有人亏钱。而实际上，真实的期货市场并不算一个纯粹的零和市场，因为我们还得缴交易手续费。或者换个思路，在期货市场上长期赚钱的，只有开期货市场的管理方和收佣金的中间商，即期货公司。

期货让大家又爱又恨的独特地方就是杠杆交易，以小博大，不少人想去试试运气，用 1 万块可以做 10 万块的交易，资金放大的同时，收益也同时放大，本来只能赚1%的，放大后就可以赚到10%了。但是，这样做风险也是放大的。尤其是很多人在小试后，觉得掌握了方法和技巧，就加大了筹码，或者在赚钱的时候再加仓，最后就全都亏光了。

期货投资本身需要非常专业的知识，以及铁一般的纪律和执行力，不是看到别人赚钱我们进去就能赚钱。理论上来说，我们每个人都有可能走到行业顶端，这个机会对每个人都是平等的，但是对于大多数人来说，由于种种限制，甚至有时候只是单纯的运气，只能是去"当分母"的命。

我们可能听说过这样的故事，某人靠期货发家致富，成了一代传奇，是我们大家学习的榜样；但是更多的人是在这里亏了钱，有的人甚至亏得倾家荡产，这样的案例比比皆是。彩票大家都知道，那些中奖的人拿到的钱，就是无数买了彩票但没有中奖的人贡献的，并不是摆了一个"金矿"等着我们去挖，这样的成功建立在无数人的失败的基础上。

实际上，期货市场设立的目的就不是为了让个人投资者去投资赚钱的。期货交易源于 16 世纪日本大阪的大米市场，现在著名的 K 线图也是发源于此。这时的期货交易，相当于大家约定好价格，这样免得大家心里都没底，在期货交易的初期，其实也谈不上赚钱还是亏钱，只是大家提前把未来交易价格都锁定了。直到 19 世纪以后，这一市场慢慢被全世界效仿。1848 年美国芝加哥的 82 位商人为了降低粮食交易风险，发起组建了芝加哥期货交易所（CBOT），CBOT 的成立标志着现代期货交易的正式开始。目前这个交易所仍然是对全球的商品交易影响最大的交易所。期货交易的产生不是偶然的，是在现货远期合约交易发展的基础上，基于广大商品生产者、贸易商和加工商的广泛商业实践而产生的。当然，也不是出于"爆富"和炒作的目的，而是为了买卖双方降低对未来不确定性的风险。保证金制度也是方便大家节约资金，而不是为了让大家加大杠杆去博弈。后来，为了增加市场的活跃度，这种商品的远期交易标准化了，一手交易对应什么标准的商品是大家约定好的，这样就比较方便转手交易，于是一些既不实际需要商品也不出售商品的人也加入进来，这些人就称为"投机者"，试图通过对价格的判断来获利。

从一个国家和行业的发展来看，期货市场是有着积极意义的，对于实际商品的买家或卖家来说，借助套期保值交易方式，通过在期货和现货两个市场进行方向相反的交易，从而在期货市场和现货市场之间建立一种盈亏冲抵机制，以一个市场的盈利弥补另一个市场的亏损，实现锁定成本、稳定收益的目的。同时，由于期货市场通过公开、公平、高效、竞争的期货交易运行机制，形成具有真实性、预期性、连续性和权威性价格的过程。该功能有预期性、连续性、公开性、权威性的特点。这个期货价格在国际和国内贸易中发挥了基准价格的作用，期货市场自然成为市场定价中心。在世界经济联系越来越紧密的现在，一些大国的期货市场甚至已经成为全球的定价中心。因此，在经济全球化的背景下，我们也在积极建立自己的期货交易所，增强国际价格形成中的话语权地位。

了解了这些，大家可能会对期货市场的重要意义有了一些新的认识。既然期货市场这么好，那作为最大的发展中国家，我们肯定也需要大力发展。

我国的期货市场开始于20世纪80年代末，经过多年的发展，现在也逐步得到完善。1990年10月，中国郑州粮食批发市场经国务院批准，以现货交易为基础，引入期货交易机制，作为我国第一个商品期货市场正式启动。在经历了几年的盲目发展后，到1998年，14家交易所重组调整为大连商品交易所、郑州商品交易所、上海期货交易所三家，一直到今天，商品的期货交易所只有这三家。这三家的商品是互补关系，各个交易所的种类是不一样的。上海期货交易所成立于1990年11月26日，是以金属和工业原材料为主的，如铜、铝、天然橡胶、燃料油、黄金、白银、锌、铅、螺纹钢、线材等。大连商品交易所成立于1993年2月28日，上市交易的有玉米、黄大豆1号、黄大豆2号、豆粕、豆油、棕榈油、鸡蛋、线型低密度聚乙烯、聚氯乙烯、焦炭和焦煤等品种。郑州商品交易所成立于1990年10月12日，交易的品种有强筋小麦、普通小麦、PTA、一号棉花、白糖、菜籽油、早籼稻、玻璃、菜籽、菜粕、甲醇等期货品种。当然，这些品种也在不断地变化着。还有个金融的期货交易所，也就是中国金融期货交易所，是 2006 年 9 月 8 日在上海成立的，交易品种有股指期货和国债期货。

　　对于专业的投资机构或者贸易商来说，期货为他们提供了很好的规避风险的工具，能够提前锁定商品的价格，从而实现稳定的收益。对于个人投资来说，想从中获利无疑是火中取栗。

　　了解了期货，我们得出这样的结论：这是一个很重要的市场，但不是适合个人投资的市场。如果这个市场跟你有关，那么就好好地利用这一市场工具，如果本身是跟你无关，请最好远离这个市场。

第四节
各种现货平台让无数的人血本无归

　　小富经常会接到一些陌生电话："您对原油现货投资感兴趣么……"一听到"现货"两个字，小富会马上把电话挂掉，并把对方拉入"黑名单"中。不知从何时起，"现货平台"成了"金融诈骗"的代名词。

　　现货是相对于期货来说的，是指马上可以交付的商品。现货交易本是原来的"一手交钱一手交货"的现代化版本。在国际上，大宗的商品如原油、黄金、有色金属等基本上都是有非常规范的现货交易市场，在全球的贸易和金融体系中扮演着非常重要的角色。

　　对于我们大多数人来说，这些可以了解，但不要去投资，除非你是这些商品大的贸易商或者相关的生产商。所以，这个市场本身不是属于个人参与的市场。

　　炒过股票的人都知道，在股市这个正规的交易市场赚钱都很难，更何况很多现货市场实际上都是不合法的，很多现货公司都是打着"高大上"的旗号骗人，投资者很容易就跳入了别人设好的局。如果我们是做交易类的投资，目前国内的交易所，也就几大交易所是合法合规的，股票有上海证券交易所、深圳证券交易所、北京新三板交易市场，以及科创板；期货有中国金融期货交易所、上海期货交易所、大连商品交易所、郑州商品交易所；外加交易黄金递延和白银递延（也就是 TD 黄金、TD 白银）的上海黄金交易所。除此之外的交易所，都是"地下赌场"。

　　不管是现货黄金、原油还是钢铁，抑或是农产品，不少的平台都打着"正规"交易所的名义。诱骗大家的套路都是一样的，先是故意夸大交易的收益，诱骗投资者在平台上开户，然后通过喊单让受害人进行买涨和买跌，一般刚开户的投资者都只会拿很少量的钱去"试"，这时候往往会发现"真赚钱"，殊不知这是公司抛下的鱼饵而已，当投资者把全部的家当全部押上的时候，却一夜爆仓全部赔光。实际上，这些公司都是在后台操纵软件，谎称用国际上原油变动指数来确定现货的价格，其实根本没有现货交易，投资者的对手盘并不是真正的市场上的各个炒家，而是拉投资者开户的公司。而当公司发现投资者已经押上了大量资金时，公司就开始收网了，由于现货原油交易声称与国际接轨，每个交易日的交易时间长达22小时，所以行情的波动经常出现在后半夜。但是大多数投资者白天要上班，不可能彻夜看盘，1秒的价格操作就可以让投资者立马爆仓，不管以后价格如何变动都与你我无关了，投资者就在睡梦中不知不觉被爆仓了，血汗钱就全部归了平台公司。

一些投资者醒悟这是骗局后，却往往维权无门。不少人不仅输光了自己的全部家当，还债台高筑，甚至走向了绝路。

根据媒体曝光，杭州的赵女士，经营着一家自己的公司，自己生意做得好好的。有一天她听信了一家投资机构的建议，做起现货原油投资，开户的会员单位为她量身打造了投资计划，这份投资计划显示，预期月收益率高达271%，但是最终赵女士却亏了900多万。多次亏损后急于翻本，赵女士又向朋友借了200多万元，现在巨大的亏空补不上，已经开始危及公司的运营。浙江的葛先生先后参与过8家平台的交易，投资过贵金属、原油等各种产品，总共亏损了500多万。而这噩梦一般的经历，开始于一位陌生美女加了他的微信，这位美女经常嘘寒问暖，在朋友圈晒一晒自己优越的生活，时不时还发一些大额盈利截图。在这位美女的强大攻势之下，他也开始投资现货原油。结果血本无归。

这样的案例举不胜举。投资千万条，正规第一条。非正规的投资千万莫去，不该我们去参与的不要去参与。永远记住这句话，"天上不会掉馅饼，只会掉陷阱"。对投资理财，收益预期得合理，幻想"一夜暴富"的结果往往是"一夜赔光"。

韭菜理财经
读书会

一个人，会走得比较快；

一群人，会走得比较远。

读好书，如饮一杯甘露；

理好财，如乘一袭轻风。

　　凡购买本书的读者，扫码下方二维码即可免费加入"韭菜理财经"读书会，与本书作者一同共话财富。